DAJIA DE FANGZAI YINGJI SHOUCE

みんなの**応急防災**ハンドブック

Everybody's Manual of Disaster Prevention and Emergency Response

四格漫画轻松解读

大灾难紧急逃生、自救、互救和生存技巧

大家的防灾应急手册

[日本] 草野 Kaoru 文字/插图

[日本] 渡边 实 防灾·危机管理专家 监修

贺黎 梁嘉 翻译 侯玲 译校

四川科学技术出版社

4KOMA DE SUGU WAKARU MINNA NO BOSAI HANDBOOK
Text and illustrations by Kaoru Kusano
Supervision by Minoru Watanabe

Original Japanese edition published by Discover 21, Inc., Tokyo, Japan
Simplified Chinese translation rights arranged with Discover 21, Inc.through Shinwon Agency Co., Beijing Representative Office, Beijing

中文简体字版本由日本出版社 Discover 21, Inc., 独家授权

图书在版编目（CIP）数据

大家的防灾应急手册 / (日) 草野 Kaoru 著；(日) 渡边 实 监修；贺黎，梁嘉，侯玲译．-- 成都：四川科学技术出版社，2016.1（2022.5 重印）
ISBN 978-7-5364-8295-1

Ⅰ. ①大… Ⅱ. ①草… ②渡… ③ 贺… ④ 梁… ⑤侯… Ⅲ. ①灾害防治—手册 Ⅳ. ① X4-62

中国版本图书馆 CIP 数据核字 (2015) 第 320726 号

DAJIA DE FANGZAI YINGJI SHOUCE
みんなの応急防災ハンドブック
Everybody's Manual of Disaster Prevention and Emergency Response
大家的防灾应急手册

文字 / 插图 ［日本］ 草野 Kaoru
监　　修 ［日本］ 渡边 实 防灾・危机管理专家
翻译 / 译校 贺黎 梁嘉 / 侯玲 成都名扬翻译咨询有限公司

出 品 人 程佳月
责任编辑 杨璐璐
装帧设计 杨璐璐
责任校对 缪栋凯 王初阳 等
责任出版 欧晓春
出版发行 四川科学技术出版社
四川省成都市锦江区三色路 238 号新华之星 A 座 邮政编码：610023
开　　本 890mm×1240mm 1 / 32
印　　张 6.75
字　　数 130 千
印　　刷 成都市金雅迪彩色印刷有限公司
版次 / 印次 2016 年 1 月第一版 2022 年 5 月第四次印刷
定　　价 45.00 元
ISBN 978-7-5364-8295-1

本社发行部邮购组地址：四川省成都市锦江区三色路 238 号新华之星 A 座
电话：028-86361758 邮政编码：610023
邮购书如有缺页、破损、装订错误，请与本社邮购组联系进行调换

写给读者

我的育儿生涯开始于阪神淡路大地震那一年。大地震以后，我积极参加防灾训练、灾难急救讲座、地震学习会。因此，我可以自豪地说："对于防灾急救知识，我比普通的家庭主妇更为了解。"

然而，在东日本大地震发生的2011年3月11日，在远离家人的旅游地，当我意识到停电、无法通信、交通瘫痪、断断续续的不安信息陆续传来的时候，开始还处于恐慌状态。后来才得知，竟然发生了意想不到的东日本大地震。我下意识地感觉到，各种次生灾害随时随地都有可能再次发生。出于反省和帮助他人的考虑，在地震发生后10天，我开始写博客"ikinokoru.info"。再之后偶然碰到的出版商山田先生给了我出书的勇气。

在此，对在我紧张地编写本书期间向我讲述受灾地情况的釜石光先生、在我烦恼时给我提出好建议的伊藤亮一先生、负责监修的渡边 实先生和负责主编的大山先生、给予我帮助的所有人以及本书的所有读者表示衷心的感谢。

我以为，即便是很小的实用知识，也能让人获得很大的安心。在发生紧急情况时，即使本书对人们有一点点帮助，我也会感到非常的荣幸。

草野 Kaoru

目　录 contents

平时就要为突发地震和灾害做准备

2

发生地震时

3 发生火灾时

发生海啸时

突发多种自然灾害时

暴雨、液化、泥石流、滑坡、雷击、台风、龙卷风、雪崩

6 停电对策

7 应对紧急情况的18种制作方法

8 应对紧急情况的烹调方法

9 非常时期的卫生、身体状况管理

10 非常时期的心理护理

11 放射能对策

12 避难生活中的智慧

13 应对趁灾犯罪的对策

14 向受灾地提供援助的方法

15 结语

大灾难紧急逃生、
自救、互救和生存技巧

DAJIA DE FANGZAI YINGJI SHOUCE

大家的防灾应急手册

绪论

世界上20%以上的大地震发生在日本

日本的国土很小。

日本的国土面积仅为世界各国国土面积总和的0.25%。

日本的地震很多。

世界上20%以上的大地震发生在日本。

从很久以前，日本就一边承受着地震的威胁，

一边用智慧和头脑去克服这些威胁。

法隆寺：
建筑后1300年，
元祖防震结构。

法隆寺

丰富和残酷是自然界表里一体的行为

大陆板块运动抬高了日本列岛。活动断层变动引起了地震。日本列岛充满了地球的生命能量，它在狭小的国土上拥有众多的火山，也因此成为了世界上屈指可数的温泉国家之一；夏季和秋季台风频发，也因此成为世界上少有的水资源丰富的国家。在东日本大地震（即日本2011年3月11日大地震。下同）中受海啸灾害最为严重的三陆地区也是世界三大渔场之一。日本人很久以前就怀着敬畏之心与自然相处。

日本阪神淡路大地震　1995年1月17日，在日本关西地区发生了7.3级的大地震。因受灾范围波及兵库县的神户市、淡路岛以及神户至大阪间的都市而得名。该地震是由淡路岛的野岛断层地壳活动引起，属于上下震动型的强烈地震。

绪论

震级和烈度有什么不同?

震级指地震释放能量的大小；烈度表示在不同地区的破坏程度

震级是指地震释放能量的大小，是表示地震能量规模的单位，每发生一次地震就产生一次震级。烈度却是永远存在的，烈度是指地震在不同地点造成破坏的程度，一次地震只有一个震级，但可有多个烈度(日本采用日本分级为0~7度，共8个等级；中国采用欧美烈度通用分级为Ⅰ~Ⅻ度，共12个等级）。一般来讲，离震中越近，地面的破坏性就越大，烈度也就越高。根据距离震源中心的远近和地壳特征不同，其烈度也不尽相同。如果震级增加一级，则地震波的能量约增加至32倍；如果震级增加两级，地震波的能量则增加至1000倍。

2011年3月11日东日本大地震的震级为9.0级!

地震会引起很多灾害

复合灾害使得损失增大

地震之所以恐怖，还因为地震会引起次生灾害，演变成复合灾害。地震会导致海啸发生，泄漏的石油会引起火灾，地震会导致地基松动，降雨时会引起滑坡，街道会变成小河、城市会变成大海……想象一下那个时候，自己会在哪里，又和谁在一起呢？

根据季节和天气的特征，我们不知道什么时候会发生什么样的灾害。只要一个条件不同，地震引起的灾害大小就可能不同。

从前任何人都没见过的
大自然的肆虐，
如今却变成了现实

出人意料的灾害每年都会发生

异常气象和每年变化无常的环境

根据日本气象厅的定义，“异常气象”是指“和过去30年的观察监测相比，具有明显不同的天气气候”。在地球不断变暖的今天，我们对“异常气象”这个词汇已经是耳熟能详了。如像酷暑、暖冬、暴雪、倾盆大雨、泥石流、地震、龙卷风、大海啸、台风等词汇对我们来说也已经并不陌生。大家必须清醒地认识到：我们现在已经和相当严峻的自然环境“相依为命”。对此，我们应该有充分的心理准备。

★ Twitter，中文称“推特”。是国外一个社交网络及微博客的服务网站。其利用无线网络、有线网络、通信技术进行即时通讯。它的魔力在于：你在任何时间、任何地点以任何方式都可以发表任何信息，给希望获知这些信息的人分享；也可以在第一时间获知你所关注的人或事的最新进展。——编者注

灾害来临时请用自己的头脑进行判断

对于出人意料的灾害也要事先进行想象和思考

这个世界上不存在完美无缺的防灾指南，不过，了解防灾知识和不了解防灾知识却有很大的差别。通过日本消防署的《防灾指南》和政府机关网站的首页以及电视、电台的防灾视频演练、防灾训练，可以学到很多防灾知识。然而，当我们真正面临灾害时，最终还是需要我们自己进行判断。能幸存下来的关键是当灾害来临时不要恐慌，勿对书本知识生搬硬套，在紧急时刻用自己的头脑进行正确的分析判断，快速做出逃生的决定。

平时就要为突发地震和灾害做准备

固定家具

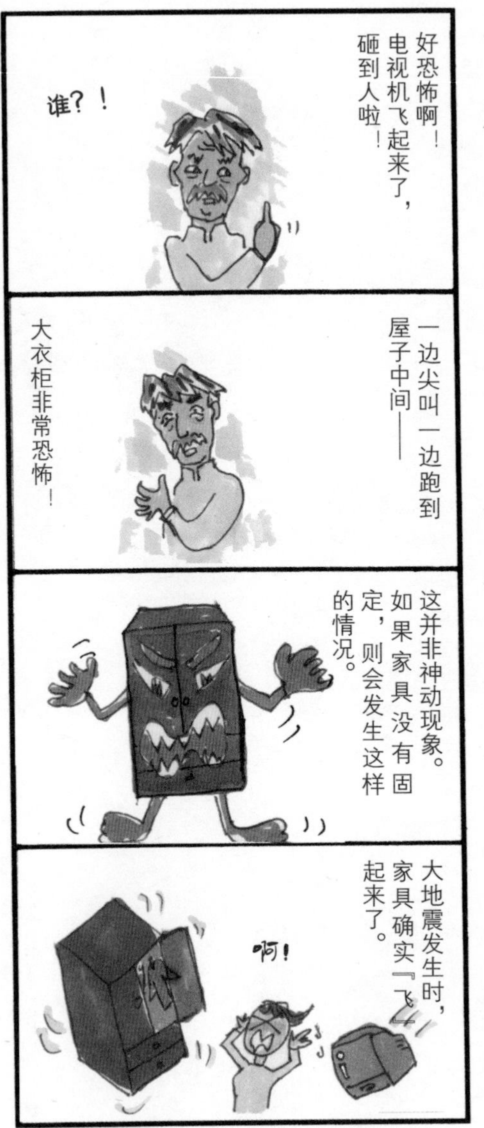

为了不在避难前死去

日本阪神淡路大地震发生时，很多人因被砸在家具下面而死亡。衣柜、冷藏柜、薄型电视、钢琴、书架、寝室的家具……改变这些家具的位置，对其采取防止倒落下来的措施。根据墙壁和天花板的强度、地板的种类，选择能够防止跌倒的家具，采取固定的对策。

平时就注意整理危险的餐具架

餐具和玻璃也可能变成凶器

大家有没有在电视上见过这样的情景：地震时，餐具从餐具架上飞出来，餐具渣散落在地板上。因为灾害发生后无法立即使用吸尘器，即使想收拾也无法收拾，在没有餐具的情况下还会影响到之后的避难生活，所以趁早对餐具架和餐具做一次彻底的清理和改变吧。

1

平时就要为突发地震和灾害做准备

确保救命水的方法

避难生活中，水最为宝贵。

日本阪神淡路大地震时，黑市中出现了以原来十倍价格销售的水……

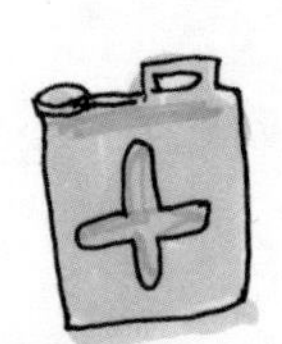

实际上很少有家庭准备水桶。

在水桶中装入水就会变得非常重。

找一找家里有没有装水的容器。

还有搬运水的袋子！

紧急饮用水！

紧急情况发生时——

将水桶放入购物车中。在水桶上套一个塑料袋，这样就可以方便地搬运水了。

平均每人每天需要3升水

当受灾或停水时，每个家庭要赶在自来水停水前尽可能地存储救命水。搬运水也需要动脑筋和技巧。想象一下吧，停水时需要我们亲自用水桶装水并搬运回家，的确是一件很辛苦的事呢，所以，用水也不能像平时那样大手大脚。另外，多预备一些结实的大塑料桶装水会比较方便。

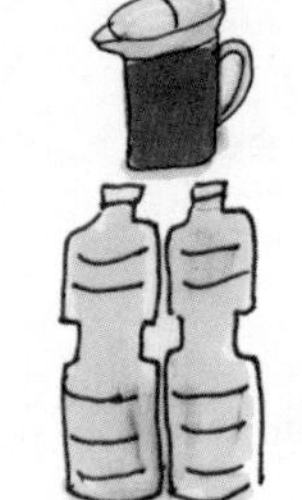

反省平时的用水习惯也很重要！

紧急时饮用水

有这样一种袋子：用软管将水注入袋子中，只需用手把装满水的袋封口摁紧扣合，即使横放，水也不会漏出，使用起来非常方便

平时就要整理药品和药品笔记

老病患平时就要准备好处方笺和常备药

耳朵不太好使的人平常需要准备一本进行笔谈的笔记本；老病患应该准备好常去医院的联系方式和常用药品（别忘了检查所备药品的有效期）。此外，还应保留一份处方笺的备份。为了在发生灾害时方便地确认身份，应该随身携带自己的身份证、驾驶证、保险卡、残疾人证件、育婴手册等表明身份的证件和紧急联系卡（请务必填写好紧急联系方式和平时常去的医院）。

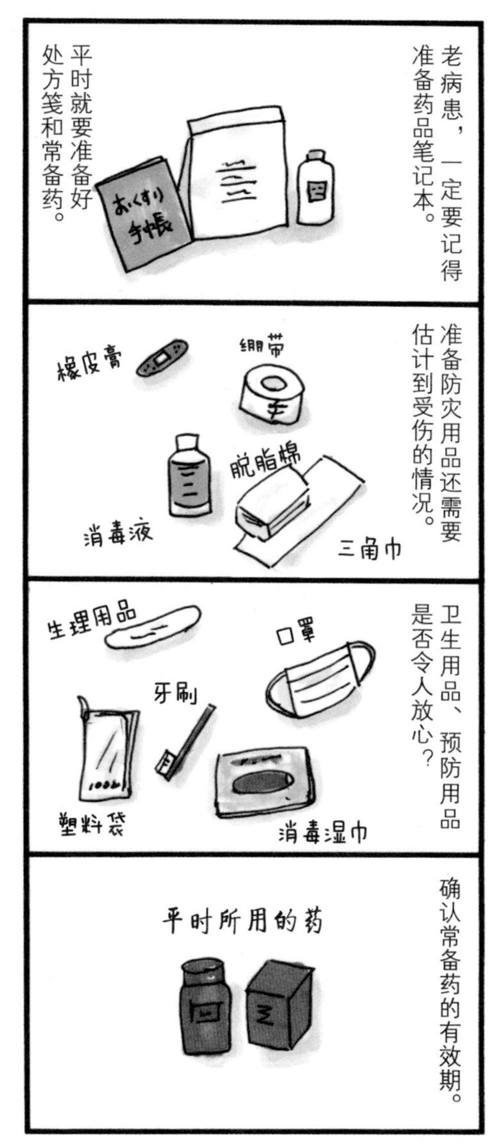

厨房中要储存必要的食品

最少准备3天的食物

据说从大规模灾害发生到公共机关真正开始行动大约需要3天时间。为了预防万一，最少需要准备能够维持全家3天的生活饮用水和食物。对于用母乳哺乳婴儿的妈妈而言，也有因为受灾后的精神压力引起奶水消失的情况。平时就要预备好全家每个人所需的食物是非常重要的。

储备好应对过敏的食品

有食物过敏症孩子母亲的心得

在受灾的人群中肯定有食物过敏的孩子，有的过敏症状甚至会危及生命。对于这样的孩子来说，当然无法安心地接受作为援助物资的奶粉。在东日本大地震中也有团体将过敏应对食品送到了受灾地的情况，但多数却无法送达过敏者手中，这是一个不争的事实，所以最好自己提前储备一定量应对过敏的食品。

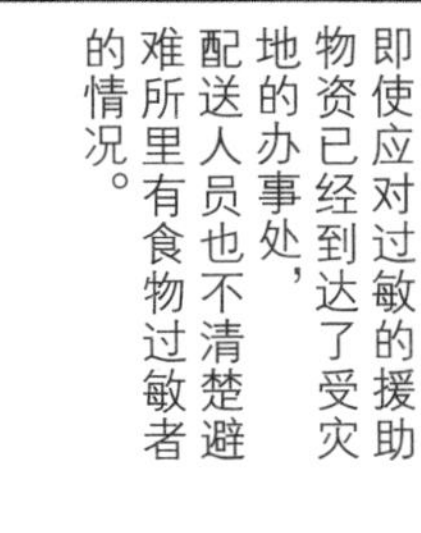

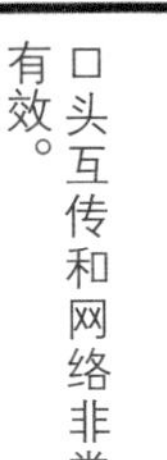

养成不丢弃洗澡水的习惯

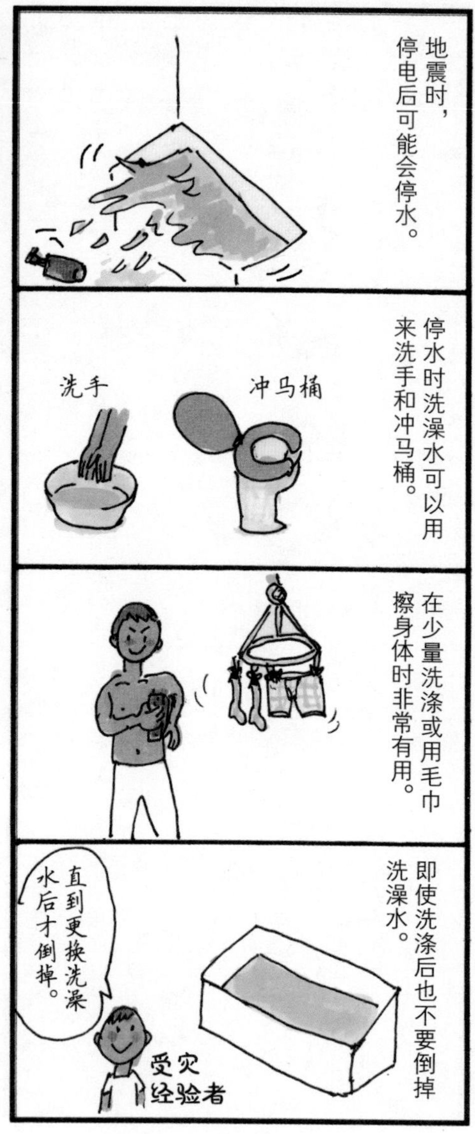

剩余洗澡水可以用作生活用水

我们为了生存下去不仅需要饮用水还需要生活用水。可以有效地利用剩余洗澡水当做生活用水。除了冲厕所和洗涤，发生火灾时还可以用于初期灭火。停水时，卫生纸无法冲走，这时准备一个专用的垃圾箱，可以将卫生纸扔在里面。冲马桶时只需从马桶上方冲下少量的水，只要能够形成漩涡就可以了。发生大型灾害时，警察署和消防所也受了灾，出警申请蜂拥而至。此时，做好保护自己的心理准备是最重要的。

养成用塑料瓶储备防灾用水的习惯

非常时期用水装入塑料瓶中进行常备。

这是全家4人一天的用水。

每天将塑料瓶中的水更换为新鲜自来水。

更换新鲜水时，请勿浪费瓶中的陈水。

陈水可以用作浇花等。

陈水还可以用来清洗餐具。

将宝贵的水
常备在塑料瓶中

东日本大地震发生后，矿泉水就从销售架上消失了。一旦发生大规模的灾害，还会导致商品流通和援助的滞后。为了使灾害发生时能及时解决饮用水问题，家里可提前将自来水装入塑料瓶中进行储存。储存用水应将水装满塑料瓶，然后盖紧瓶盖，这是关键所在，只要不接触空气，水就难以变质。除去漂白粉的凉白开水等非常容易变质，所以不要将其放入塑料瓶中。坚持这样的习惯：每天储存几瓶新鲜水。这样就可以安心地生活了。

养成储存用水习惯后，
你就不会觉得辛苦了！

1

平时就要为突发地震和灾害做准备

避难所的种类不同，其作用也不同

广域避难所：是指大型广场、大型公园等开放型空地

临时避难所是指广场、公园、空地等。

大型公园

收容避难所：通常指学校、公民馆。

家里的紧急避难所：是指被坚固的柱子和墙壁围起来的浴室、厕所等较小空间。

出逃时，别忘了提前打开出逃的门！

记住三种避难所★

广域避难所：多指大型广场、大型公园或大学等开放型空地。

临时避难所：是指可以临时避难的广场、公园、空地等。

收容避难所：是指能够给予灾后避难者提供住宿、餐饮等生活功能的地方。如学校、公民馆★等。

顺便说一下，家里最适合紧急避难的地方是被坚固的墙壁和柱子围起来的浴室和厕所等较小的空间。

制作一份从自己家里去避难所的地图，和家人一起进行确认。

★ 本书所指的“避难所”，主要是指收容避难所（简称“避难所”）。

★ 公民馆是遍布日本城乡、为当地居民举办教育学习班、提供产业指导，兼具图书馆、博物馆、公众集会厅等功能的公立文化教育机构。日本两次大地震期间，在受灾最严重的地区，公民馆成为当地灾民的避难所，全书同。——编者注

收容避难所有人数限制

收容避难所已经满员，无法避难。

日本阪神淡路大地震即使收容人数最多的时候也只能收留16%的居民。

非常拥挤

东京都包括诸岛的收容所。

人数约为居民人数的23%

公民館

依靠自己的努力保住性命，请准备3天所需的物品吧。

非常

让不得不避难的人员优先进入收容避难所

地震后，收容避难所里挤满了前来避难的人。工作人员只能让那些不得不避难的人，如房屋损坏或者房屋可能损坏导致有家难归的人优先进入。要注意的是：收容避难所的食物仅限于供给来避难的人；被困在自家里的人即使去收容避难所索要食物，也有可能无法拿到。所以，自己家里还需储备毛毯、干面包和咸饼干等食物哦。

平时就要熟悉周边环境

孩子和大人的视线是不一样的

我女儿还是小学生时，下课时间曾根据监护人的交代在校园内巡逻。就这样，在看惯了的校园风景中发现了很多潜在的危险：可能导致跌倒的地方包括崖壁、沼泽地、池塘、过街天桥下的黑暗地段等；可能倒塌的地方包括胡同里的混凝土砌砖墙、铜像和石头纪念碑；公园里也有许多死角……这些都是孩子们非常喜欢去的危险地带。想象着“玩耍的时候突发地震”的情形，和孩子们一起去散步、去观察吧。

确定紧急情况发生时全家人的集合地点

确定一个全家人都知道的地点作为紧急集合之用。

去一个正在使用的小学校！

地震发生以后，需要避开自认为危险的场所。

应该提前选定避难路线。

“集合地”必须是全家人都知道的地方

想象着地震随时有可能发生，设想灾害发生时的受灾情况以及交通状况，设定一个家人的紧急“集合地”。“集合地”必须是全家人都知道、逃生和避难路线安全的地方。路线决定后，召集全家成员实际徒步过去。曾经有这样的情况出现：本来将集合地定为“正在使用的某所小学”，但是实际到达后才发现是个废弃的学校。

发生紧急情况别忘了提醒老弱病残者

老奶奶

在附近独自生活。

你好！

紧急情况传话员

为了使自己在发生紧急情况时不至于忘记转告他人，设立紧急情况下专门负责『传话』的人员是有必要的。

OK！

如果附近有行动不便的老弱病残者，请告诉周围的人，给予其帮助。

如果有人请提醒我，我会非常开心！

别忘了帮助老人、小孩和有残疾的人。

发生紧急情况时遵循互相帮助的原则

发生紧急情况时，在确认自己和家人已经平安转移时，别忘了提醒隔壁、对门那些蜗居在家里的老人和有残疾的人。对健康人来说，尽快转移到安全地带非常简单，但对于老年人和残疾人来说就十分困难。此外，别忘了提醒有小孩的母亲。在人际关系淡漠的城市中，关心别人是非常重要的。

有小孩的母亲

检查一下自家附近的给水设备

防灾井是深度达百米左右的深井。

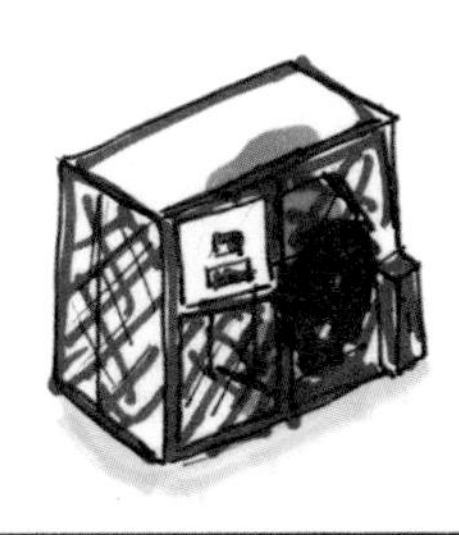

备有紧急用发电机。

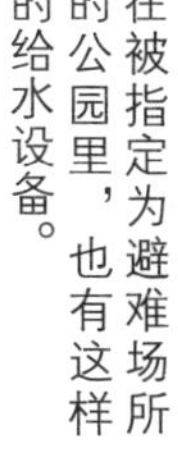

在被指定为避难场所的公园里，也有这样的给水设备。

为了防备万一，储水池储存、更换了大量的自来水。

从这个设备向给水箱进行供水。

居住场所附近必须有应急给水点

灾害发生时，为了向避难居民集中的避难场所提供应急供水，自来水公司配备了蓄水池和灾害用地下给水箱作为应急给水点。发生紧急情况时，知道去哪里找水是非常重要的。在确定避难场所的同时，还要确认附近的应急给水点。可以通过查询所居住社区的网站首页等进行确认。

用行李箱运水的妙招

在只有行李箱的情况下的运水办法：在立着的空行李箱中放进用瓦楞纸板做成的纸箱，再把双层塑料袋放入纸箱中，在塑料袋中灌满水，扎紧袋口，再用箱带固定好，就可以方便地把水拉回家了。

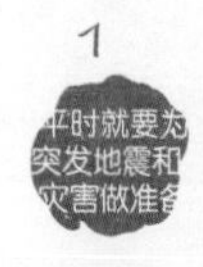

确认民间的微型防灾井

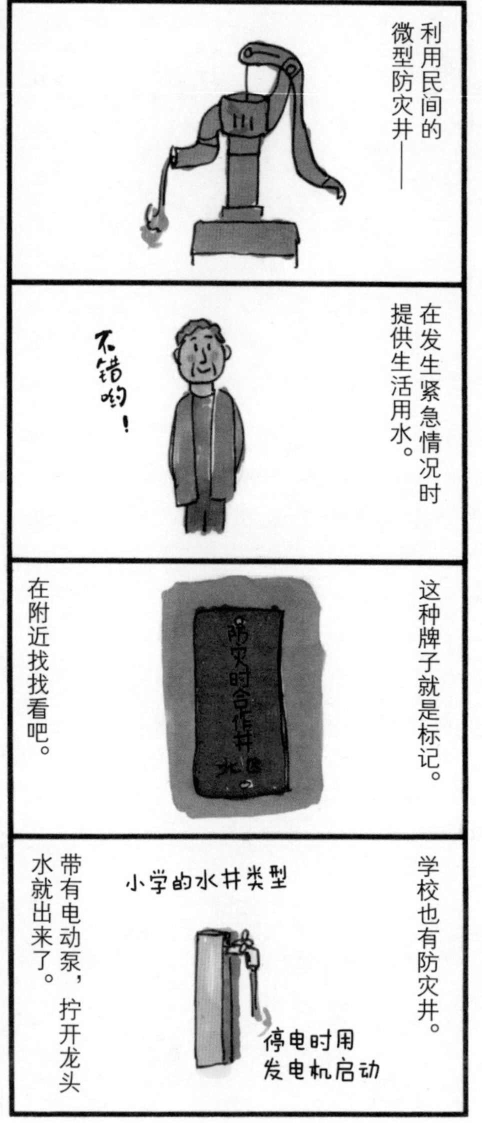

有效保障冲洗厕所和洗涤的生活用水

民间的微型防灾井一般是9米深、带有手动泵的浅水井。水井的所有者和自治体*签订了协议，发生灾害时向居民提供生活用水。从这种防灾井中打出来的水不能饮用。当发生火灾时，将町会*的泵连接到水井上，可以用于灭火。建议通过地区和社区的网站首页确认附近的微型防灾井。

★ 自治体："地方政府在法律上被称为'地方公共团体'，通常称作'地方自治体'，或简称为'自治体'。"［摘自日本国自治体国际化协会网站–日本国宪法(摘录) 第八章 地方自治］
本书中，日本地方政府简称为"自治体"。
★ 日本的地方自治体分为两个层级：
第一层级　都、道、府、县；
第二层级　市；町；村。
町会相当于中国的街道居民委员会。
——编者注

永远随身携带的小型防灾用品

选择自己所必需的防灾用品

防灾用品多种多样，指南针、手电筒做成了钥匙圈，在很多地方都有销售。如果防灾不能使用军刀，那么带上多用小刀也非常方便。不过乘坐飞机时，即使是小刀也不能携带，这一点敬请注意。根据自己的习惯和生活方式，看看受灾时自己需要哪些防灾用品。例如，女性可以随身携带手电筒和口哨，老花眼患者则可以随身携带放大镜。

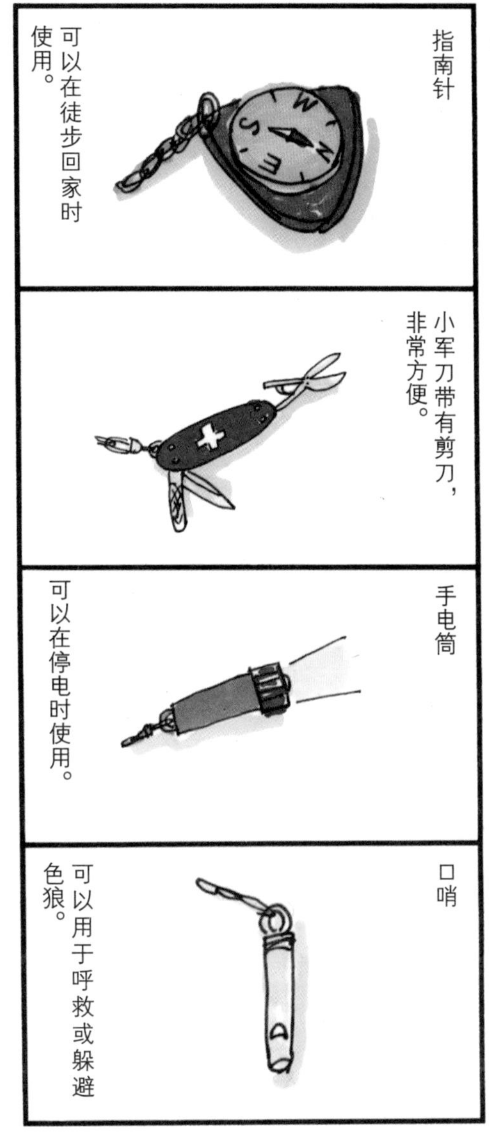

放大镜虽然可以查看地图，也可能会聚集太阳光而引起火灾

去看看最新的防灾用品

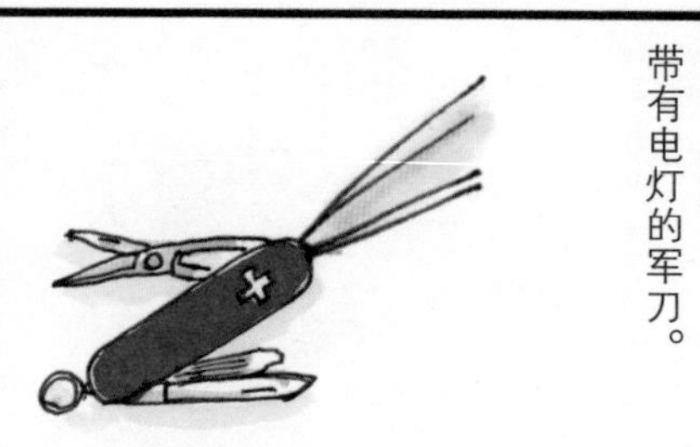

带有电灯的军刀。

平时是电灯泡，发生紧急情况时又可以当作手电筒使用的台灯。

NASA（美国宇航局）开发的保温薄布，保温性能是普通毛毯的三倍。

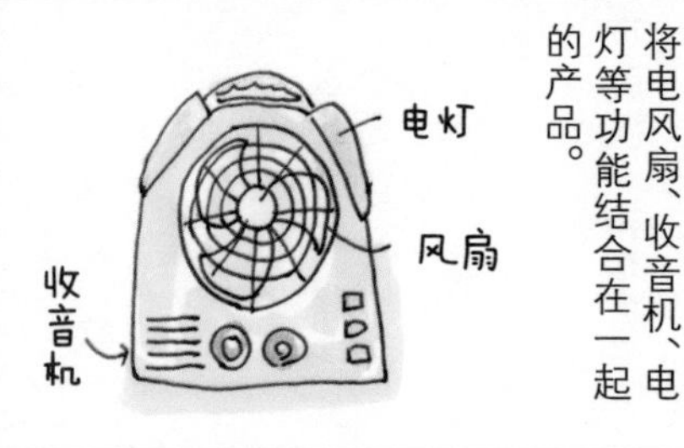

将电风扇、收音机、电灯等功能结合在一起的产品。

定期去建材超市探索一番

如果去建材超市，就会发现有很多新型的防灾用品，可以说令人大饱眼福。不过如果购买科技含量过于高的产品，在发生紧急情况时就会出现“没有说明书根本无法使用”的问题。所以，应该尽量选择使用起来方便的功能性物品。有些虽然不完全是防灾用品，但却非常实用，如随身厕所（尿布）、无水洗发湿纸巾、无水洗浴巾等，在受灾停水时使用起来非常方便。

放射线检测仪

发生紧急情况时有用的手摇充电器

能否为手机充电是关键问题

移动电源是个不错的选择，笔记本电脑也可以暂时做移动电源充电。

手摇充电器无需电池就可以使用，作为标准配置可为AM・FM收音机和手机充电。因为手摇充电器有很多种类，让我们来探讨一下最容易使用的类型吧。不过，用手摇充电器为手机摇动充电，不仅是一项体力劳动，还非常耗时。

为手机充电

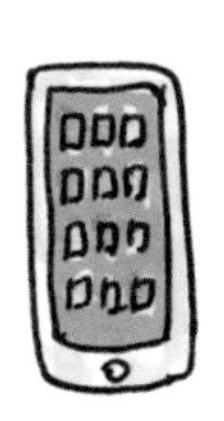

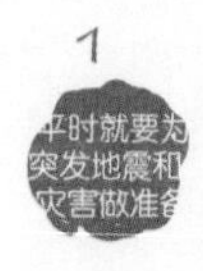

小孩也可方便使用的多口袋背心

将防灾应急物品放入多口袋背心里

受灾地、避难所……它们都属于非日常私人空间。其共同点是：第一，必须随身携带贵重物品。第二，必须使用两只手。正因为如此，将一个背包里的物品分别放入背心的若干个口袋中更为方便。

应当提前在儿童多口袋背心的口袋里放入紧急联络卡、军用手套、印花大手帕、小塑料瓶装水、平衡营养食品、湿纸巾、口罩、口哨、零钱等物品。

按照家庭成员人数准备防灾应急包

将闲置的帆布背包作为防灾应急包使用。

过时的包也可以利用。

准备适合家庭成员的背包。

在自由市场购买的包。

准备应急包里的物品。

有4个家庭成员就应该准备4个应急包。

儿子用

爸爸用

女儿用

妈妈用

自己管理自己的防灾应急包

考虑到逃生的需要，应该将防灾应急包的重量控制在5千克（公斤）以内。舍不得丢弃的个人物品以及必需品应该放在自己的防灾应急包中，这是自己的责任，不要依赖家人和朋友，这是非常重要的一点。家里有小孩、残疾人或病人时，放入应急包里的物品也不相同。除此之外，别忘了将准备好的防灾应急包放在随时可以带出去的地方。

确认背包的实际重量；放在随时可以带出去的地方！

防灾应急包里应该装入什么物品呢？

卫生纸
毛巾
汤匙、叉子
布织卷尺
厨房多用剪
雨衣
军用手套
皮鞋油
cream
收音机
打火机
火柴
油性笔
笔记本
手电筒
食品用保鲜膜
室内鞋
湿纸巾
除菌
一次性口罩
也要考虑
重量……
电池式充电器

了解地震保险

地震保险和火灾保险应该一起加入。

要注意，领取的地震保险金是火灾保险金的一半以下。

即使是地震引起了火灾，只参加了火灾保险的人仍然无法领取到地震保险金。

此外，房屋完全损坏或部分损坏时领取的保险金额是不同的。

即使由于地震后2周的余震，造成了房屋从部分损坏到全部损坏，房主也无法领取到相应的保险金

地震保险和火灾保险不可混同

东日本大地震后，人们对地震保险开始日益关注。地震保险可以对火灾保险中无法补偿的地震、火山、海啸引起的损害进行赔偿，只是必须查明进行补偿的条件。某位火灾保险的参保者以地震发生半天后的傍晚出现的火灾为由，想要领取火灾保险金，却因为没有参加地震保险而被拒绝，直到咨询保险公司后，他才完全了解了地震保险与火灾保险的区别。

详细情况请咨询保险工作人员！

不会爆胎的自行车轻松实现紧急情况下的畅行

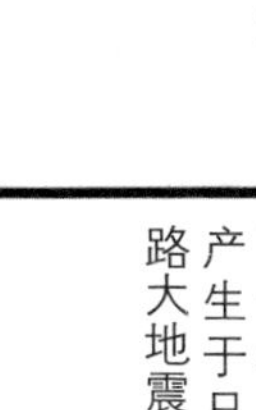

不会爆胎的自行车产生于日本阪神淡路大地震。

即使扎入钉子也不会爆胎的自行车轮胎

在日本阪神淡路大地震的受灾地，倒塌的建筑物以及坠落物导致道路状况恶劣，公共交通无法启动，车辆无法通行，自行车便成了受灾地最受欢迎的交通工具。不过由于道路上布满了异物，自行车爆胎的现象不断发生。此时，一种即使轮胎扎入钉子也不会爆胎的自行车应运而生。现在，这种和普通自行车骑行感觉相同、轮胎不怕扎的自行车非常畅销。此外，这种自行车还可以单独更换轮胎哦。

预防鱼缸水槽漏电的危险

鱼儿在鱼缸里自由自在地游。

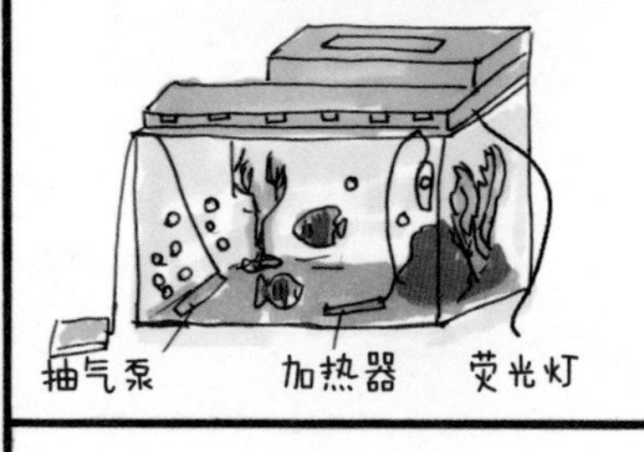

空烧状态下的加热器可能导致火灾

鱼缸使用了多种电器，平时一定要确认万能插口处没有水渍和灰尘。由于地震可能导致鱼缸水槽倾倒或产生裂缝，使鱼缸内的水随裂缝溢出，加热器此时就会处于空烧的状态。必须注意的是：空烧状态下的加热器对周边设备进行加热时，可能导致火灾发生。如果担心余震会导致鱼缸内的水溢出，应该提前降低水位。

多种多样的『抗震避难所』

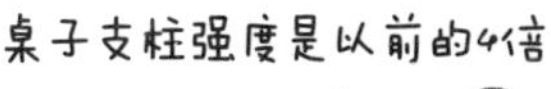

在“抗震避难所”可以安心睡觉

在无法进行大规模的抗震房屋改建时，有时会准备这样的“抗震避难所”：它可以设置在既存的住宅内，是一项在不影响居住的情况下进行改造的简单工程；即使地震导致住房倒塌，它也能够确保在其中有一定的睡眠空间来维持人的生命。与大规模的抗震改建工程相比，它可以在短期内进行设置安装，这是它的最大特征和优点。

购置“抗震避难所”有的自治体（地方政府）还有补助金哦！

发生地震时

地震发生时请勿坚持回家

在安全的地方获得最新信息

东日本大地震发生当天，交通瘫痪的首都圈陷入了大混乱之中。到处都是买轻便运动鞋的人，鞋店非常混乱拥挤；自行车店的顾客蜂拥而至；便利店的便当全都卖光了。另外，拒绝回家的人们陆续到餐馆消磨时间。不过，认真地想一想，如果是在盛夏的白天，突发地震又导致停电该怎么办呢？想象一下就可知道我们时刻都与危险相伴。所以，地震发生时不要急于回家，在确认安全的地方不断获得最新信息再进行判断吧。

地震发生时保护头部的要领

由于空中可能会有坠落物，所以必须首先保护好自己的头部，也就是保护好自己的生命。

紧急情况发生时，多数情况下不要乱动！

总之，首先保护好头部！

保护头部的关键要领在于腕部的方向。

请提前进行练习。

用手头或周围的物品保护好头部

发生地震后，第一时间要钻到结实的桌子下面保护好头部！当我们还是小学生的时候就开始进行避难的训练。不过，当真正发生地震时，很多地方没有桌子。如果外出时遇到地震，首先要转移到安全的地方，用手里的物品保护好头部。保护头部的物品和头部之间要留出一定的空间，手臂放在内侧，防止坠落物的撞击。

保护头部的防灾头巾

2

确保逃生的出口畅通

地震发生时，如果在人还能站稳的情况下，或者在地震晃动的间歇时间内——

应该立即关闭火源、拔掉电器插头。

关闭煤气的总开关；

打开玄关等处的门，确保逃生路线畅通。

地震引起建筑物晃动，会发生打不开门的情况。

地震时防止因建筑物晃动、家具倾倒导致人被关在屋内

地震时引起房屋摇动，可能导致家里的门或玄关门打不开。特别是公寓等集体住宅，由于出口较少，要优先确保逃生出口通畅。某个朋友在进入卫生间后地震便发生了。由于卫生间门前的家具倾倒导致他无法出来，虽然后来有幸逃出，却花了3个小时的时间。由此可见，平时就要整理玄关周围，确认玄关处没有妨碍逃生的物品。

『不要马上出去』这个常识应根据具体情况而定

身处旧木屋可能有被压死的危险

日本阪神淡路大地震发生后，许多建筑物处于全毁或半毁的状态。据说在6 434名死者中，大多数人是被压在木结构住宅的下面最终死亡的。当你身处老旧的木结构房屋内时，只要感觉到从未有过的异样晃动，就必须马上离开建筑物避难。

地震时要确保脚下的安全

避难时最重要的是保护自己不要受伤

地震当然也会在半夜发生。有的朋友就因为周围漆黑一片，在室内物品散乱的情况下走动时导致脚部受伤。如果受伤是在平时，可能没有太大的危险。不过灾害发生之时，既缺水又不能去医院，甚至不能快跑……到了晚上，伤口更是一跳一跳地痛。当然，这肯定会影响到之后的避难生活。

自从在日本阪神淡路大地震受灾后，人们都会在枕头边预备一双轻便的运动鞋

发生紧急情况应先关闭电源

未关闭的电器可能会引起火灾

平时家里不是有很多插上插头的家电吗？避难时，必须切断电器的主电源。即使熨斗和电磁炉等电器插上电源并而没有使用时，地震中被切断的线路和插座也可能由于粉尘而短路起火。余震之后返回家里时，应该先确认已经切断电器电源后再恢复电流断路器。

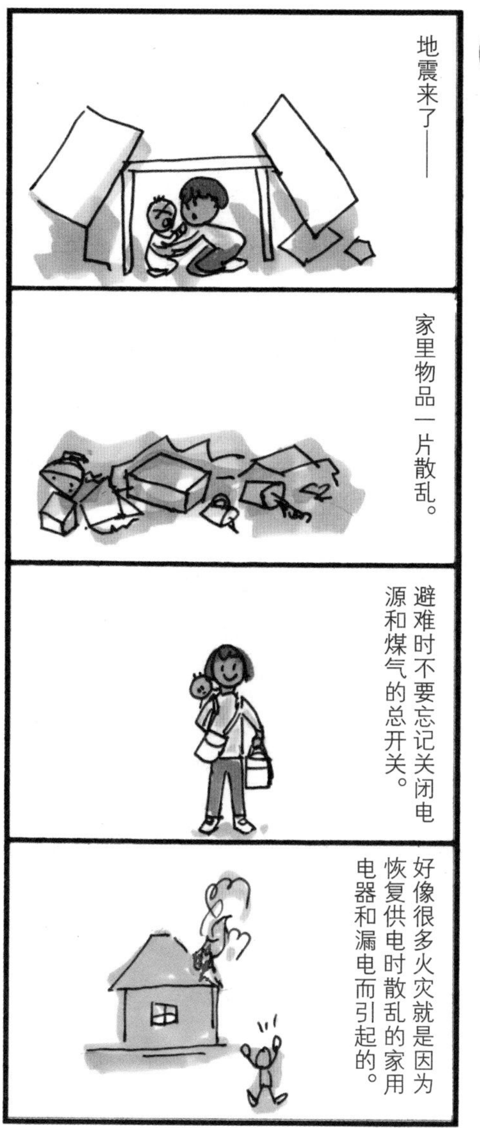

离开时，请将电器的电流断路器全部切断！

2

如果被埋在瓦砾里应该怎样做

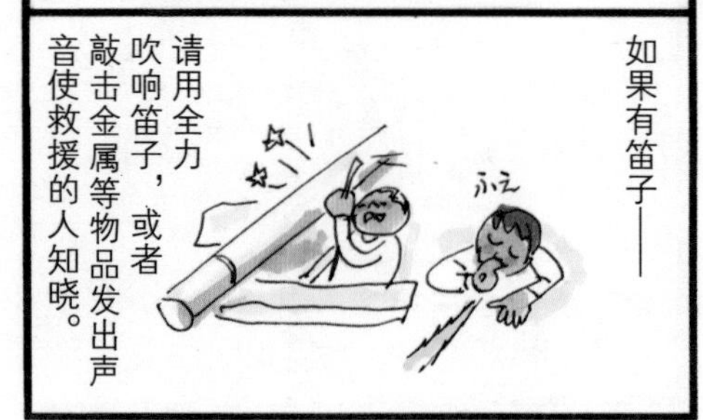

最重要的是让他人知道自己的存在

如果被埋在瓦砾中，必须注意的是不要随意乱动周边的瓦砾。乱动可能使瓦砾失去支点，甚至发生倒塌。为了让附近的人们知道自己所处的位置，应该使劲敲击金属管道等物，让他人知道有人被埋。一般不要大声呼喊，因为那样做会消耗体力，也是万不得已时才采用的最后方法。为了从坍塌狭窄的空隙逃生，需要脱下外衣和饰品，以免途中这些物品被挂住。

救助活动中的“寂静时间(silent time)”：

指发生地震等重大灾害时，在一定时间内不可以使用直升飞机等重型机械，以防止听不到受灾人员的呼救

非常时期要确认孩子的交接方式

在小学校接孩子原则上仅限亲属

小学、幼儿园、托儿所的防灾训练方法各有不同。平时要多让孩子参加学校的防灾训练，了解防灾应急方法。例如，在某小学校接学生的亲属需要提前登记，而在幼儿园或托儿所只有持有“接送卡”的登记亲属才可以接孩子。发生大地震后，家长可能无法回家，孩子的家属和亲属必须提前商量好怎样接孩子的事，所以有必要再次确认。

提供饮水、卫生间和灾害信息的『回家援助站』

东日本大地震发生当天，首都圈的交通堵塞。

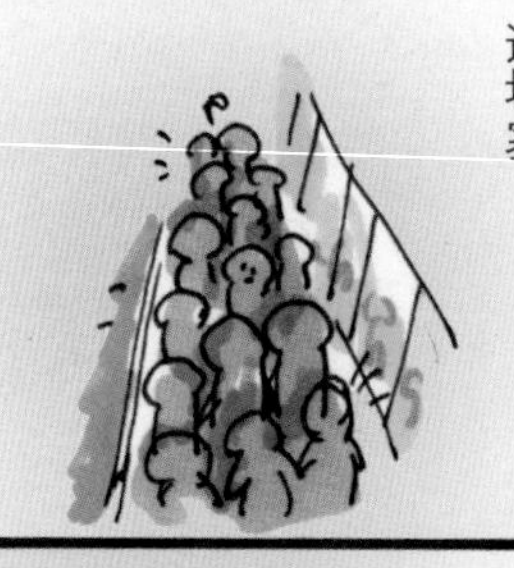

人行道上到处都充斥着无法回家的人。

回家途中最让人烦恼的事情就是口渴和想上厕所。

在回家救助站，可以使用厕所，可以喝水，

还可以了解灾害信息。

入口处所贴的标签就是标记。

所有的场所都可以对徒步回家的人提供援助！

“回家援助站”是主要的大都市圈中所设立的“对所有徒步回家的人提供援助”的救援设施之一。回家援助站可以提供饮水、厕所、灾害信息。“回家援助站”也包括都市里的便利店、加油站、快餐店等。其标记就是如左下图所示的标签。“回家救助站”的标签贴在各店铺的入口处，很容易识别。公立学校等也是“回家援助站”哦！

3月11日大地震的夜晚，农家的玄关处挂有这样一块提示板：

记住灾害专用留言拨号盘的使用方法

可以在发生地震等灾害时使用灾害专用留言拨号盘。

我们推荐通过“171”的同音词进行记忆。各手机公司均已开通留言板。有可以登记、阅览文本的“灾害专用留言板”

可以使用任意一种电话进行留言。

公用电话

手机

固定电话

将留言进行录音时，根据提示进行——

按“171”拨通电话，根据提示按1，然后再根据提示按……

我平安无事，请你放心！

再次留言时——

所有家庭成员都要学会使用的灾害专用留言拨号盘

当地震等灾害发生，难以拨通受灾地的电话时，这项服务就开始发挥作用了。

- **留言录音时间：**平均每个留言录音在30秒钟以内。
- **留言保存时间**：从录音开始后保存48小时（体验使用时只保存6小时）。
- **留言积存数量：**每个电话号码可积存1～10个留言。因本项服务有体验日，可以在体验使用日进行练习。

中国的紧急求救电话：

- 匪警——110
- 火警——119
- 急救中心——120
- 交通故障——122

2

发生地震时

通过微博确认家人朋友是否平安

学习微博的使用方法

微博是一项可以将自己现在在做什么等情况实时发布在网络上的免费服务。在发生灾害时通过微博传递个人信息是一种非常有效的网络工具。例如，女儿拥有微博账号，平时也使用了微博，母亲知道女儿的账号，只要通过查看微博里“女儿的心情”这一选项，就可以及时知道女儿的消息和状况。在发生灾害时，通过微博的信息，家庭成员之间的联系会非常及时。

3月11日发生东日本大地震时，我最先收到了在加拿大的女儿发来的联络信息

★Skype是一款免费的语音通讯软件。由于能在网络极端差的条件下保持通话等优点，现已成为世界上VOIP（网络电话）领先的产品。当下流行的网络即时聊天工具还有微博、微信(中国通行)、Line(日本通行)等即时聊天工具。——编者注

发生紧急情况时有用的三角联络法

发生地震或其他较大灾害时，手机无法打通。

通往受灾地的固定电话也难以拨通。

不过，未发生地震地区的电话则比较容易拨通。

可以利用三角联络法确认家人是否平安。

平安无事!

大家都平安无事!

平安无事!

利用三角联络法可以顺利确认家人是否平安

想象一下在工作途中发生大地震等灾害时的情形吧。如果无法确认家人平安无事，则心理压力无法消除。这种心理对于家人来说也是一样的。平时就利用网络来确认家人的平安吧。最好提前约定好三角联络法即家人相互之间的电话、邮件、灾害专用留言拨号盘之间的优先顺序和联络方式。

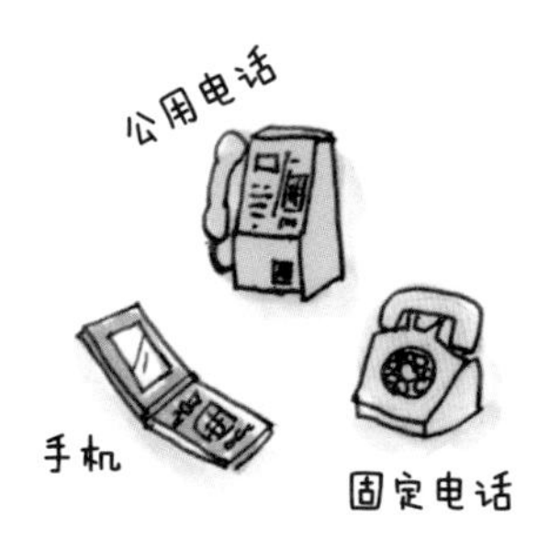

根据地震状况采取的对策 在电影院和剧院时

不要恐慌，注意天花板上掉下来的坠落物

在公共场所遇到地震时，应立即用提包等物品保护好头部，将身体藏在座位之间的空隙里，等待晃动停止再进行避难。即使停电了也有诱导灯或应急灯，一定不要慌张，要听从工作人员的指挥。此外，不要争先恐后地冲向出口或楼梯口。事先确认好避难出口比较安全。

根据地震状况采取对策

在封闭的娱乐设施时

在卡拉OK厅、酒吧或酒馆，

在可以看漫画的咖啡店等封闭的设施内停留时，如果发生了地震，

需要确保出逃路线畅通，首先保护好头部，观察周围具体情况。

地震引起火灾是最恐怖的。需要根据自己的正确判断迅速撤离现场。

在封闭的空间停留时要做最坏的打算

在卡拉OK厅或酒吧等封闭的空间内停留时，如果突然发生地震，首先应该打开房门，一边注意头上一边在房内等待逃生时机，根据工作人员的指挥进行避难。不过，如果地震引起了火灾则非常危险。曾经就有人由于没有很好地接受避难指导，被烟雾所困而死亡的情况。我们所去的店中，也不一定有能够很好地进行避难指导的人员。所以发生火灾时不要慌张，要仔细观察情况，根据正确的判断迅速避难。要养成进商店就先确认紧急出口的习惯。

2

根据地震状况采取对策 在海岸上时

地震=海啸！

迅速离开海岸！

立即到高处避难！

海啸会反复地涌过来。

请勿随意作出判断！

需要非常小心，直到警报解除。

即使有吉尼斯世界纪录级别的堤坝也不可疏忽大意！

对明治时代的海啸和智利大地震等地球上的大灾难进行分析就可以知道：根据过去的数据推测本来就是没有意义的。我们的对手是地球。即使是万里长城，也无法让人高枕无忧。自然界“一切都要配合人类”是绝对不可能的。要知道，如果绝对安全也就没有必要进行防灾训练了。

根据地震状况采取对策 在山上时

在山上遭遇地震，要避开悬崖和泥石流

山的地形不同，其危险程度也有很大的不同。如果身处山谷，需要避开泥石流和落石，攀登到山脊上比较安全。如果身处危险的登山道，为了防止滑落，可以蹲下身来，就近紧紧抱住大块的岩石或树木并小心上面的落石。如果不小心掉队，为了防止迷路，可以根据地图再次确认后通过安全途径下山。

根据地震状况采取对策 在公司时

小心带脚轮的重型办公器材成为凶器!

公司的办公室一般应该处于比较结实的建筑物中，地震时只需要冷静行动。窗户有可能会破碎，应该赶快从窗户旁边离开。要小心带脚轮的复印机以及书柜和文件柜可能会从倾斜的地面快速移动伤人。在地震引起的巨大晃动停止后，确认办公室内容易引起火灾的电源已经完全切断后再离开现场避难。

发生地震的夜晚，
戴着头盔回家的白领

根据地震状况采取对策 在地下街道时

在地下街道避难要镇定和注意安全

地下街道一般比较坚固。遇到突发灾害时应倚靠在大柱子或墙壁处进行观察。最恐怖的是火灾和恐慌。一旦发生火灾，请镇定地和周围人一起灭火。逃离火灾现场时，应弯下身，用手帕捂住嘴，沿着墙壁快速逃离。地下街道一般有几个出口，所以一定不要慌张，试着寻找人较少的出口。此外，即使沿着安全出口走也不要立即走到外面去，必须听从防灾工作人员的指挥，确认周围情况安全后再走出地道。

2

根据地震状况采取对策

在乘车时

地震发生时乘车的安全注意事项

电车★一旦感知到强烈的震动就会紧急停车。如果你这时正坐在电车上，要保持较低的姿势并用包等物品保护好头部。站在电车上时，要抓紧扶手或吊环防止摔倒，要认真听车内的广播通知，要听从乘务员的指挥。尽管如此，在北海道发生的脱轨事故中，由于乘务员过于拘泥于地震指南，没有预想到出现的烟雾会引起火灾，导致乘客处于危险之中。所以，在紧急情况发生时，一定要根据当时的具体情况作出正确的分析和处理。

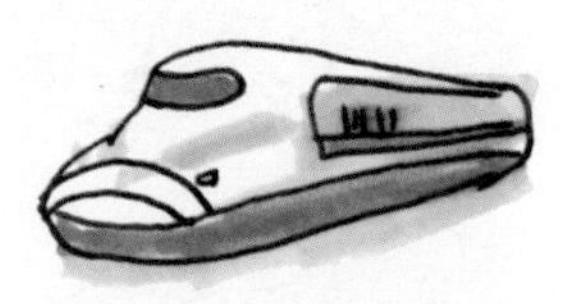

★在日本，电车广义上指包括地铁、城际铁路、轻轨、快轨、动车组、新干线等利用电力驱动的载人公共交通工具。区别于用蒸汽驱动的火车。以下同。

——编者注

根据地震状况采取对策

在办公区时

空中落下的招牌险些砸到人!

外墙壁、瓷砖、窗户玻璃可能会突然掉落，一定要小心。

在坚固的建筑物中避难比较安全。

还要注意车道上奔驰的车辆。

车辆在随意奔驰!

紧急避难时要“眼观六路，耳听八方”

或许我们在电视中见过这样的情形：地震发生时，办公区的招牌和窗户玻璃从空中落下来，人们四处逃窜，玻璃一旦撞击到混凝土上便变成玻璃碴四处飞散。在地震时，许多地方都充满了危险：即使在人行道上，上面有摇摇欲坠的招牌，车道中央有任意奔驰的车辆……紧急避难时，不仅要注意头上、脚下，还要注意奔驰的车辆。

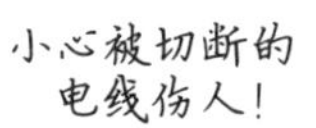

根据地震状况采取对策

在浴室洗澡时

裸体是最危险的

地震是不会选择时间和场所的。如果在洗澡时发生了地震，首先应该打开逃生的出口。浴室通常被柱子和墙壁包围着，所以相对比较安全。如果晃动较为剧烈，则待在浴池内观察情况。此外，小心不要被破碎的镜子或玻璃碴扎伤。因为在赤身裸体的情况下跌倒是非常危险的，所以在地震晃动停止后应该马上穿上衣服进行避难。

根据地震状况采取对策 在开车时

急刹车是事故的元凶

突发地震时，如果你正在开车，请立即打开危险标志灯，注意前后车距，放慢车速缓缓而行，然后选择合适地点靠左侧停车（注：日本驾车前行为左道行驶，跟中国是相反方向）。留意观察当时情况，最好将车开到附近的停车场或广场上。通过收音机获知地震的规模或受灾状况后，再确认自己所处位置有无危险。在禁止通行区域或应急交通道上不得不停车时，不要关闭钥匙开关，离开时要随身携带贵重物品。

如果感觉到震动就要马上打开危险标志灯。

将车停在道路旁边并关闭引擎。

通过收音机获知灾害信息，并收集信息。

在禁止通行区域或应急交通道上不得不停车时，应该在不关闭钥匙开关，不锁定车门的情况下进行避难。

根据地震状况采取对策 在高速公路上时

在高速公路上驾车时发生了大地震——

会发生爆胎、车体左右摇晃、抓不住方向盘等情况。

注意后面的车，同时缓慢减速。

将车停在路边，为了让应急车辆能够通行，需要将道路中间空出来。

打开收音机，获知地震、受灾状况以及道路交通信息。

从紧急出口或高速公路的出口进行避难。

为了让人知道自己的联系方式，不要拔下车钥匙

不要锁闭车门！

请勿根据自己的主观判断行动

如果在高速公路上行驶时发生了地震，应该减速后靠近道路边上停车。通过收音机或显示屏等获知地震最新信息，等待警察或巡逻车的指示后再行动。为了防止次生灾害的发生，最重要的是不要根据自己的主观判断贸然行动。避难时，应该在车内留下关于自己联系方式的记录，并关闭车窗（不要拔下车钥匙），携带好贵重物品徒步避难。高速公路的固定区间处设有紧急出口和楼梯出口，可从此处逃离避难。

发生地震时，高速公路封闭！

根据地震状况采取对策 在超市时

小心陈列架上的商品掉落伤人

如果地震发生时你正在超市里面购物，尤其要小心商店里陈列架上的玻璃、陶瓷制品以及商品掉落伤人。应尽快跑到商品较少的地方，如电梯厅、柱子附近等较为安全处观察情况，也不要急于冲到出口处，要听从工作人员的指挥。平常去购物时，应提前确认好紧急出口比较安心。

根据地震状况采取对策

在体育场时

首先保护好头部，并等待震动停止。

因为不用太担心坠落物，所以在户外运动场相对比较安全。

因为出口和通道比较狭窄，所以一定要听从工作人员的指挥进行避难。

体育场是比较安全的避难场所

据说体育场是采取了不易倒塌的建筑设计；圆屋顶球场也采用了最新技术的抗震结构。实际上，比地震更可怕的是人们在突发事件时处于惊慌的状态。如果在体育场突然发生了地震，最安全的方式就是坐在自己的座位上，当然，也要看看头上有没有坠落物，如果可以，就将身子蜷缩在椅子和椅子之间观察情况。等待广播和工作人员的指挥。此外，注意不要和一起来的亲友走散。

很多人由于行动慌张而受伤……

根据地震状况采取对策 在自动扶梯上时

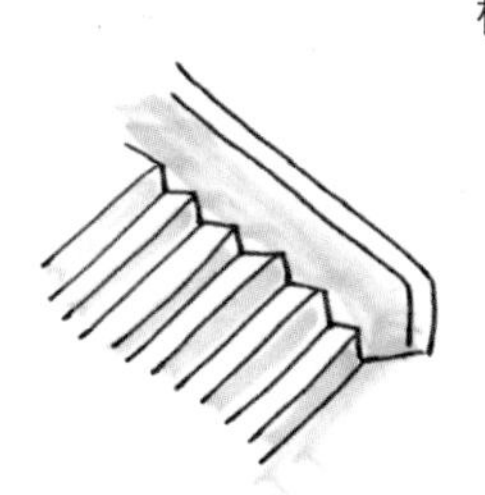

在自动扶梯上跌倒可能会造成较大的伤害

除了在发生地震的时候，平时自动扶梯事故也经常发生。其原因多为在自动扶梯上跌倒或滚落，这些人多半是儿童和老年人。有些是被橡胶底鞋连累，有些是小孩想拣回掉落的物品时被切断手指，或者是老年人踩空阶梯导致跌倒、滚落……一时的大意可能造成较大的伤害。停电所导致的自动扶梯紧急停止也是非常危险的。谨记：平时使用自动扶梯时不要四处张望，应该扶好扶手。

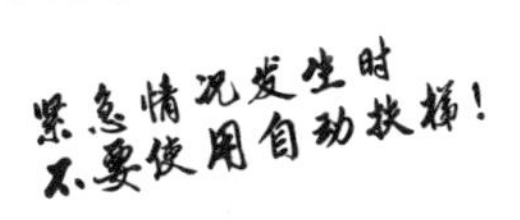

根据地震状况采取对策 在电梯内时

发生地震时，电梯会自动停止。

要注意有些老旧电梯可能没有这个设置。

虽然应该停在最近的楼层处——

但对于旧电梯来说，可能没有这样的功能（指停在最近的楼层处的功能）。

被关在电梯里面时，用紧急呼出电话或内线电话求助，拨打报警电话——

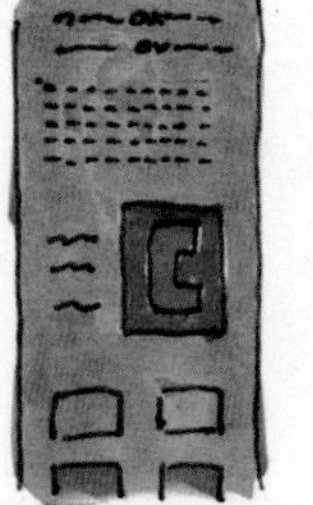

被关在电梯里面时的自救行动

由于突然停电或事故，人被关在电梯内时，首先不要慌张，请迅速按下从低层到高层的所有楼层按钮。膝盖弯曲，背部紧靠电梯，用紧急呼出电话向服务公司求救。如果内线电话无法打通，可直接拨打电梯内显示的消防署、警署的电话求救。不过，地震发生时出现这种事故的情况非常多，所以相关人员不一定能够立刻赶过来救援，此刻最重要的是保持体力，间歇呼救，

中国紧急求救电话：
匪　　警：110　火　　警：119
急救中心：120　交通故障：122

根据地震状况采取对策 在候车室时

候车时发生地震时的个人保护措施

如果在车站候车时发生了地震，首先应该用提包等物品保护好头部，然后到安全的柱子旁边避难。要注意的是，候车室里有很多地震时可能引起危险的物品，如自动销售机、即时显示屏、监视器等。如果正好处于人流非常多的高峰期，则应该用厚的物品蒙住头蹲在候车室里。要防止出现恐慌性逃命的现象。惊慌导致的人群跌倒和踩踏是最危险的。

根据地震状况采取对策

下大雪时

有积雪的房屋由于地震会更加危险

雪是非常重的！虽然不同的雪质量有所不同，不过单是压在房顶上的积雪的重量就有几吨，因此，积雪可能成为凶器。如果屋檐的雪崩塌，会导致停在屋檐下的汽车保险杠凹陷，人被活埋在雪中。对于承受雪的重量已经达到最大限度的房屋而言，地震是致命的。防灾对策中的“铲除屋顶上的积雪”是非常重要的，不过不要一个人进行铲雪作业。

地震时请勿靠近围墙

破旧的围墙尤其危险

过去地震时，有人因为躲在围墙下面而死亡。在孩子们上学的路上以及平时玩耍的场所有没有危险，需要父母去现场亲自确认。身边危险的地方有很多，如神社的鸟居（一种类似于中国牌坊的日式建筑，常设置于通向神社的大道上或神社周围的木栅栏处）、石灯笼、自动销售机等。此外，得知危险的地方后要马上告诉孩子远离并多加注意。

2

地震发生时的煤气安全对策

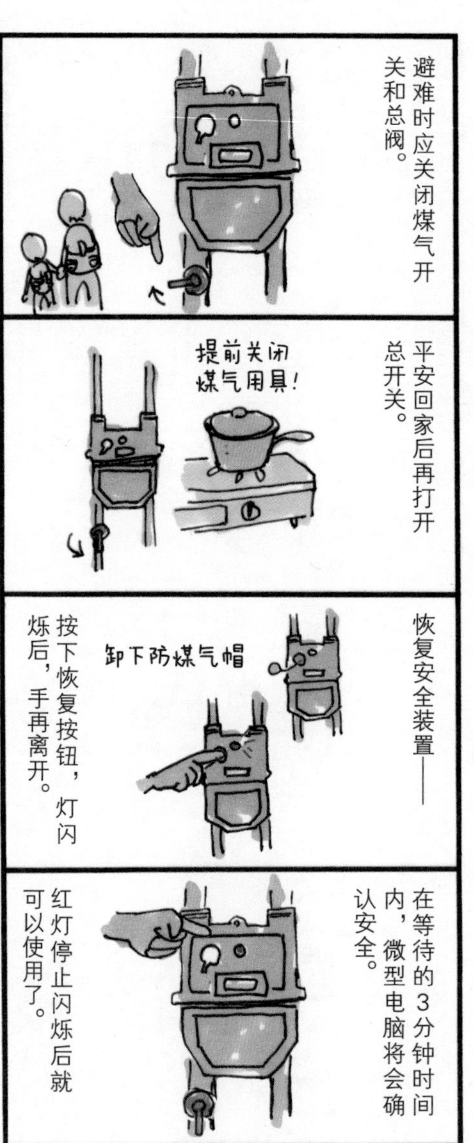

如果发生地震，煤气安全装置会自动动作

地震停止后，回家打开装煤气表的门，按下表上的恢复按钮。3分钟后，红色灯熄灭，表示煤气炉具可以使用；如果3分钟后红灯依然闪烁，那么请再次检查是不是忘记关闭炉盘开关或者没有关闭煤气总阀。如果闻到有煤气味儿，除了应立即关闭煤气开关和煤气表的总开关，打开窗户进行换气，同时马上联系煤气公司外，一定不要触碰其他自己不懂的任何东西，切忌打火或者打开换气扇和电器开关。

有煤气味儿时切忌点火！
关闭煤气总阀，打开窗户。
请勿自行拆装煤气阀！

废旧物品也可以用于防备地震

即使没有买到防灾用品，也可以用身边的物品代替

地震发生后，有很多人都开始准备防灾用品。我也在地震后冲进建材超市和百元店（日本的便利商店）。果然不出所料，防灾相关的商品全都卖光了。在这种情况下，我们可以用身边的代用物品进行替代。如可以用瓦楞纸板和报纸代替“伸展突出棒”，填塞衣柜到天花板之间的空隙，这样衣柜就不容易被震倒了。瓦楞纸板很轻，可以通过支撑家具表面而起到很好的防震作用。还可以将卷入了橡皮圈和橡胶手套的瓦楞纸板插进柜子上面空间还可以止滑。认真研究家里的物品，做成代用品一样可以预防余震哦。

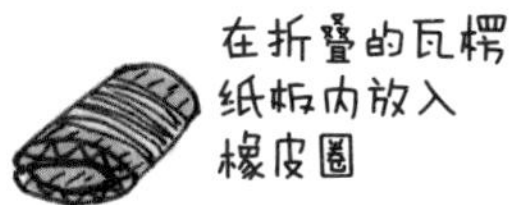

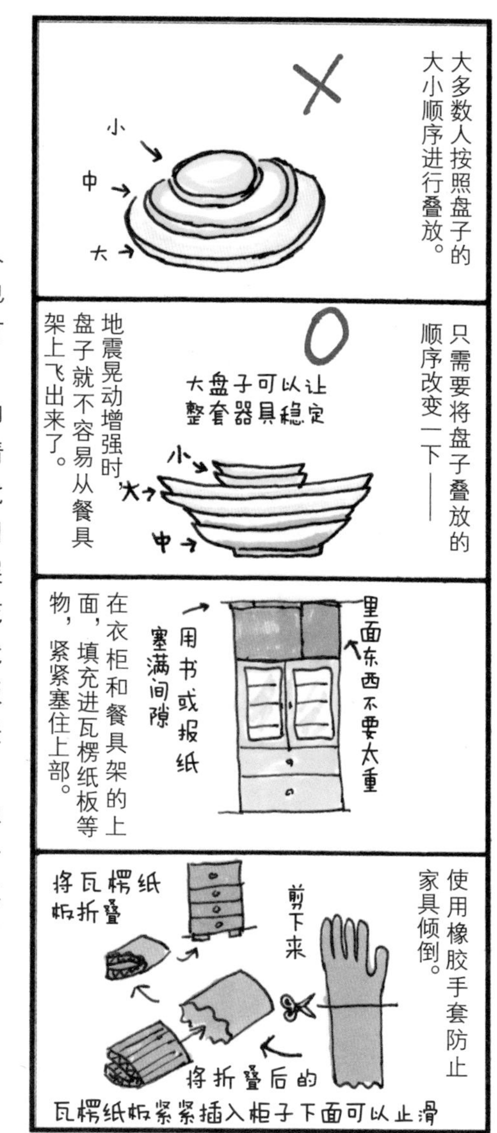

发生火灾时

记住灭火器的使用方法

如果由于地震引发了火灾，首先要大声呼救！

灭火器有多种，如果用干粉灭火器，将其提至着火处附近——

将管子对准着火处，压住控制杆进行灭火。

1. 右手用力压下压把；
2. 左手握着喷管对准火苗底部；
3. 左右喷射……

如果发现灭火剂没喷出来，此时不要慌张，注意检查灭火器压力表是否显示异常。

灭火剂在几十秒钟后会喷出来。

初期灭火须冷静

一般家庭多使用干粉灭火器。要注意的是，不同的燃烧物着火要用不同的方法来扑灭。火灾发生时，应立即将灭火器拖到距着火点约2米处，从上面拔出安全栓，取下管子紧紧压住控制杆，对准着火底部喷洒。力气小的人可以将灭火器放在地上，利用体重压住控制杆，这样灭火剂就容易喷出来了。要注意的是：灭火剂并非对准升腾起来的火苗和烟雾，而是对准着火的底部，就像用笤帚扫地一样左右扫动。

如果附近没有灭火器——
往着火处盖上浸湿的
被子或浴巾，
不可以直接用水浇火！

从火灾的烟雾中安全出逃

火势已经达到人头高时，首先是要尽快逃生。

压低身体尽量快速逃离火灾现场。

如果是公寓，则需要关上房门，防止火势蔓延到其他房间。

即使房间内有忘记拿的东西，也万万不可返回着火现场。

火灾中最重要的死亡原因是吸入了有毒的烟雾

如果未能成功地进行初期灭火，火势开始蔓延到了天花板，请保护好自己和其他居民的安全，同时向消防队或消防团求助。在烟雾开始弥漫房间和走廊时，要用湿手帕或湿毛巾捂住口、鼻；为了不吸入有毒的烟雾，要压低身子尽快逃离火灾现场。

中国的火警报警电话：

119

全家人进行从卧室到玄关的避难训练——

小心易燃火的化纤服装造成严重烧烫伤

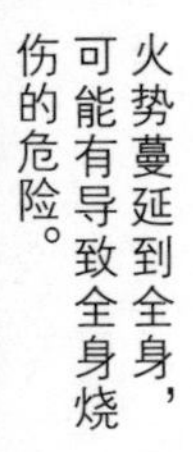

化纤服装着火可能会引发大悲剧

炉灶内的火引燃衣服袖子或者暖炉的热气引起衣服着火的事故经常发生，事故者多为70岁以上的老年人。化学纤维的衣服如果着火则会立即融化，粘附在身体表面不易脱落，可能对身体造成严重的烧烫伤，还可能导致重度烧伤甚至死亡。穿化纤服烧伤后，应立即在地上滚动灭火或者跳入水塘中灭火，要尽快脱掉着火的衣服逃离火灾现场。需要注意的是，在家里以及烹饪过程中应尽量穿棉织物的衣服，以防不测。

发生海啸时

『发生海啸时请各自逃生』

在“1秒钟见证生死”的大灾难中，“率先避难者”非常重要

很久以前，深受海啸之苦的三陆地区就流传着这样一句话：“发生海啸时请各自逃生！”岩手县釜石市的学校根据这句话，平时就进行了“哪怕是早1秒钟，尽快根据自己的判断逃到高处”的教育和防灾训练。在东日本大地震发生大海啸时，只要有一个人率先逃生，大家就会跟着一起跑。于是，逃生的学生们都保住了性命。在“1秒钟见证生死”的大海啸来临时，“率先避难者”是非常重要的。

如果水井里的水变干了就是海啸要来了

『这是地震来临前的先兆』，这是以前的俗语。

东日本大地震之前，三陆地区出现了一系列的自然异常现象——

农家的鱼儿相继跃出水面，水井或者干涸、或者变浑浊……

自然现象再次验证了先人的智慧

很久以前我们就害怕大自然的剧烈变化，人们通过各种俗语或传说将这些警告告诉子孙们。研究大自然永无止境的不可思议的现象，并非是为了与自然作战而是为了与自然共存，这就是我们先人的智慧。3月11日再次通过发生预知地震自然现象一事验证了先人的智慧。在俗语和传说消失前，请将这些知识传给我们的子孙后代吧！

山中也会发生海啸

用于农业灌溉的水库

由于东日本大地震，福岛县须贺川市的东北太平洋近海地震导致藤沼水库爆裂决堤！

浊流吞没了下游的村落——

房屋、人、车全部冲走了……

谁也没有想到山上也会遭遇海啸。

因为之前藤沼水库是农业灌溉蓄水。

水库溃坝后导致农田无法灌溉，稻谷无法生长。

重新认识自己房屋周围有无危险

东日本大地震当天，福岛县须贺川市发生了“藤沼水库决堤事故”，造成了非常罕见的灾难——在距藤沼水库500米下游处的村落形成了山中海啸。混浊的水流混杂着树木和沙土冲走了村庄、汽车和工厂，夺走了人命。决堤的藤沼水库（藤沼湖）冲毁了附近的自然生态公园，这里周边原本有野营、烧烤等休闲设施，是供市民娱乐的休闲场所。水库溃坝导致水库里的水全部流干，无法进行农作物灌溉。此例提醒人们，要在自然灾害来临前重新确认自己房屋周围有无危险的地方。

突发多种自然灾害时

暴雨、液化、泥石流、滑坡、雷击、台风、龙卷风、雪崩

了解所报道的雨量

根据灾害信息了解暴雨、淫雨的危险

近年来区域性大暴雨导致的水灾、滑坡事件频繁发生，所以我们必须了解灾害信息中所报道的实际雨量可能达到什么样的程度。此外，还可以根据洪水危险地图了解自己居住地的水灾危险度。这些可以通过广播、电视以及行政机关的网页等途径进行了解。大多数的滑坡危害都是由淫雨或者区域性大暴雨引起的，即使不是暴雨，只要降雨量达到100毫米时就必须加以注意。

雨量在
80毫米以上
就会有压迫感
和恐怖感！

根据房屋地势应采取的防风防洪对策

在靠近海岸的低处，应采取防备台风和大潮的对策。

在沿河流的低地处应采取防备强风和洪水的对策。

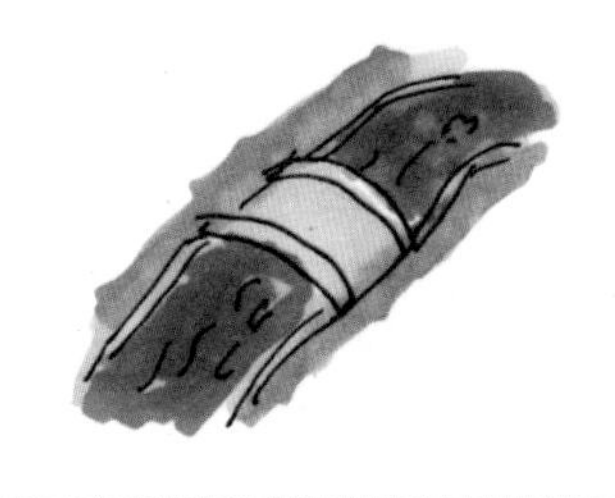

在高冈上修建的房屋应采取防备强风的对策。

比周围地势低的房屋应采取防备浸水的对策。

了解气象信息
作好防风防洪准备

通过电视、收音机等了解气象信息，确认灾害危险地图。有的自治体还预备了吸水沙包，准备好应急包，做好停电的准备，确认好避难场所，确认家人所在什么地方，危险的时间段应该禁止外出。如果居住地是台风有可能经过的方向，则应提早躲避。

刮风时，也会发生难以听到警报的情况！

下倾盆大雨时驾驶的危险

在被水淹的道路上行驶，无论速度快慢都非常危险。

被水淹的道路瞬间就可能变成危险水域

在被水淹的道路上驾车行驶是非常危险的。由于下雨看不见道路，也不知道水深，即使道路上有障碍物也无法注意到。过去就有汽车行驶到高架桥下穿隧道的积水处，被水所困而无法脱险，最后乘车人也因此溺水而亡的事件。要注意的是，发动机进水是无法修理的，只能成为废车。

下大雨驾车也可能发生刹车和方向盘都失灵的“水膜现象”……

下暴雨时请勿靠近河流

被水淹的道路也是很危险的

请想象一下小河、农田水渠、侧沟、近水公园等由于暴雨导致涨水而处于危险状态的情形。以前就发生过这样的事故：下水道井盖由于下大雨涨水被冲到地面上，在被水淹的道路上行走的人因踏空跌落到下水道中而遭遇不幸的事件。所以在被水淹的道路上行走时，推荐穿厚底的运动鞋，不要穿那种进水后难以脱掉的长靴。如有棍子作为探路更好，一边确认脚下的情况一边行走。

下大暴雨时危险处处存在

地震时，倾盆大雨经常发生——

水深达到20厘米时，房门就无法打开了。

下大暴雨时，无论怎样担心地下室的情况，都不能去看。

如果水从汽车的消声器进入，则会造成发动机的故障。

下大暴雨时，自家附近的场所也有危险存在

倾盆大雨和区域性暴雨以超出人们预测的速度从天而降。曾经发生过这样的事故：在地下下水道内作业的男子来不及避难就被雨水冲走最终死亡；在自家地下室的男子和去看农田水渠的男子也遭遇了不测。所以我们要记住：即便是自家附近的场所也有遭遇灾害的危险。

下大暴雨要控制家庭排水以减轻下水道负担

下区域性大暴雨的时候——

重要的是不要阻碍雨水的排出，否则可能造成道路被水淹、住宅浸水的后果。

提前清扫道路的雨水口！

为了不给下水道增加负担，请勿在下暴雨时放掉浴缸里的水。

也不要洗衣服。因为泥水可能从浴盒的排出口逆流。

所以要提前用自制的吸水沙包将其堵住。

下大暴雨时大量排放生活用水会堵塞下水道

浸水灾害多发生在半地下式的停车场、地下室、洼地等处。在城市中，由于受公寓建设和铺设道路的影响，在下大暴雨时，雨水无法完全渗入土壤，再加上家庭排水等因素，导致下水管道内的水量暴增而没有排水的空间，这样浸水灾害的危险会进一步加大。为了减轻下水道的负担，在下区域性大暴雨时，家里洗澡或洗衣服一定要控制排水，不要让大量的水流入下水道而引起水道的通路堵塞。

5

泥石流的前兆

虽然连续降雨，但河的水量却减少了。

河水变浑浊了，河中出现了漂浮的木材。

山谷轰鸣，这是非常危险的信号。

泥石流以汽车的速度冲毁房屋和田地。

泥石流因为大雨、地震、火山喷发等引起

泥石流是指山上斜坡和山谷里的沙土由于大雨而坍塌，混杂着水形成泥浆，迅速涌向山脚的现象。有的地方也将其称为“山中海啸”或“山洪”。此外，如果堆积火山灰的地域发生降雨也可能引起泥石流。泥石流难以预测，所以一定要注意及早避难。过去，就有人在被劝其离家避难的途中，看到水位还较低，于是误认为“不要紧”，结果返回家的路上则遭遇不幸。

了解滑坡的前兆

下大暴雨时请及早避开易滑坡的山体

“滑坡”又叫“边坡失稳”，是指土地表层的风化土层急剧滑落的现象。如果身处其中是无法逃脱的！发现有滑坡的先兆时，最重要的是不要慌张，及早避难。因此，应该事先了解在哪些季节、哪些地方可能发生滑坡的危险。住在斜坡附近的人们在梅雨或台风季节，要特别注意收听天气预报，关注降雨的具体情况，尽早采取避险措施。

地震导致地基松动，下大雨时则可能引起滑坡。

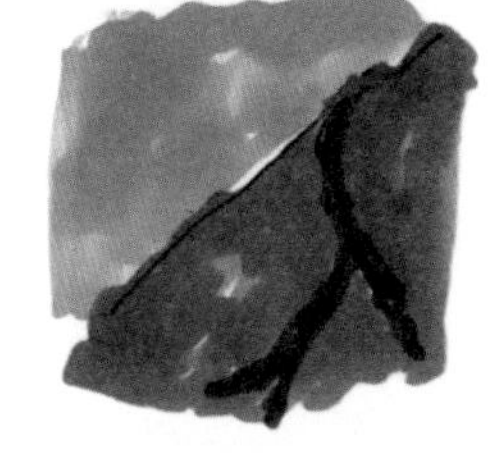

斜坡上出现裂缝，地下水或涌泉断流或突然涌出。

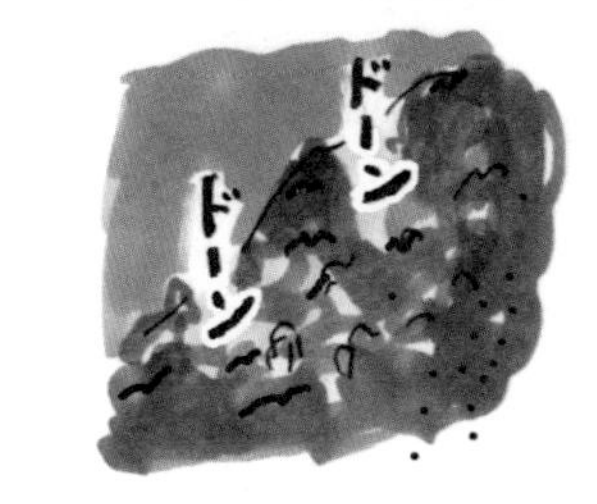

小石块滚落到斜坡下面时发出异样的声音，浑水大量涌出。

出现上述先兆时，请立即避难。

调查住宅用地以前是湖泊还是山谷

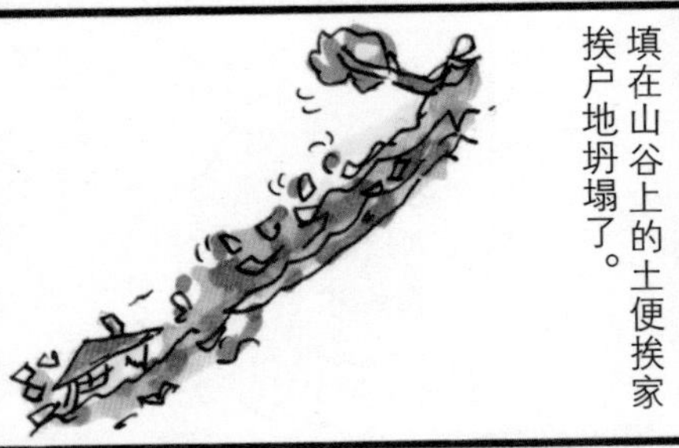

受过去地形影响的地震灾害

在东日本大地震中，很多住宅出现了地基下沉或隆起的现象。在建筑工地上出现了建筑物倾斜度太大、地基和墙壁坍塌的情况。试着调查一下这片土地以前是什么地方。如果以前这些地方是大海、河流、沼泽或山谷就要多加注意了。看看以前的地图或者咨询一下在此长住的人吧。

通过以前的地图来确认过去这里是什么地形！

山体滑坡的前兆和紧急避险对策

了解山体滑坡的前兆

山体滑坡前，斜坡上的小型崩塌不断；斜坡上的裂缝明显变长、变宽；能听到地下有异样声音。坡体上的房屋出现开裂、倾斜；周边泉水突然断流或涌出；动物出现异常。

山体滑坡时，斜坡急剧移动、土层隆起凹凸不平；地面变形或移动；斜坡上的住宅会出现倾斜或发出“吱吱嘎嘎”的响声；动物惊恐万状。这些现象预示山体滑坡随之到来。

如果出现这些前兆，要尽早逃出房屋，必须立即紧急避难。逃离时应朝滑坡来向的两侧跑，切忌顺着滑坡方向往上或往下跑。当避闪不及时，可就近抱住大树等固定的坚固物体进行自救。

斜坡上出现了裂缝——

ゴゴゴゴ……

地面发出轰鸣声！

用自制的吸水沙包防止屋内浸水

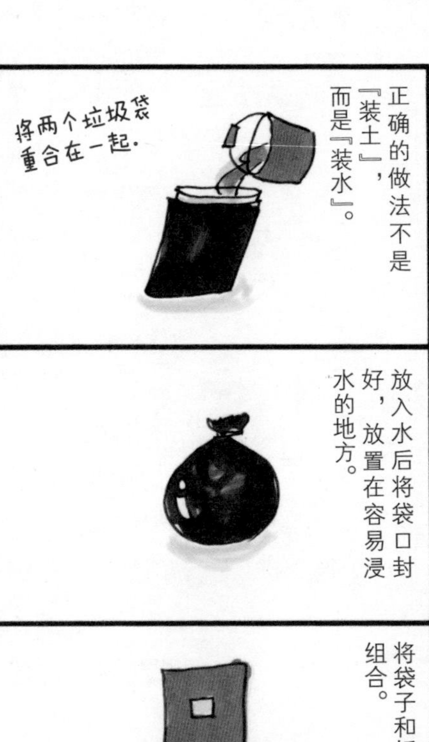

自制吸水沙包防止房屋浸水

水灾等自然灾害受灾地不可或缺的一个防灾用品就是装入土或装入水的“吸水沙包”，有的自治体还会免费配发。沙包的大小各异，不过毕竟装入了几十千克的土壤或水，当然很重!

发生紧急情况时，只需在玄关、门背后等容易浸水的地方放置吸水沙包或将沙包与板子组合使用，就可以防止浸水了。此外，建材超市等处也有销售家庭用高分子吸水聚合物制成的"吸水性沙包"。

防备台风的对策

在家里自己可以做到的防灾对策

锁好窗户和木板套窗，必要时可以用板子在外面对其进行加固。对可能被风吹走的物品，例如晾衣竿和狗窝等进行固定。通过收音机或电视了解最新的气象信息。要特别注意有滑坡危险的地方。准备好应急包，确认好避难的场所。

清除滴水槽、集水沟等处的雨水。

对石墙的裂缝进行加固。

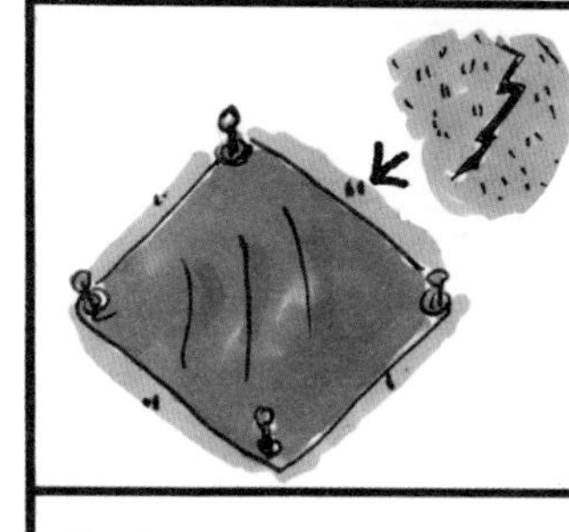

用薄板把地上的裂缝、变形处盖住。

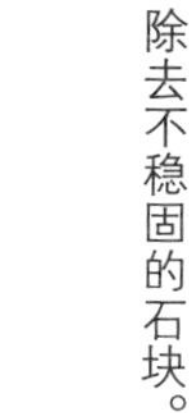

除去不稳固的石块。

对可能变形的地方用板子进行加固。

花盆也在家里避难

防备龙卷风 室外

龙卷风来临时，野外、车库、库房，装配式房屋比较危险。

关好木板套窗和百叶窗。

电线杆和大树也可能倒塌，所以请远离这些地方。

钻进结实的建筑物的隐蔽处，蜷缩起身子躲避灾害。

龙卷风的自我防护

龙卷风是突发大风中一种危害巨大的自然现象，虽然发生的时间很短，但猛烈的大风会给建筑物造成很大的损害。一旦发现有龙卷风的前兆出现，要迅速到坚固的建筑物中避难。如果附近没有坚固的建筑物，则可以将身子伏在水渠或低洼处，蜷缩起身体保护好头部。顺便说一下，世界上的龙卷风80%以上发生在美国。在龙卷风的主要发生地美国，许多人家里都备有避难用的地下室。

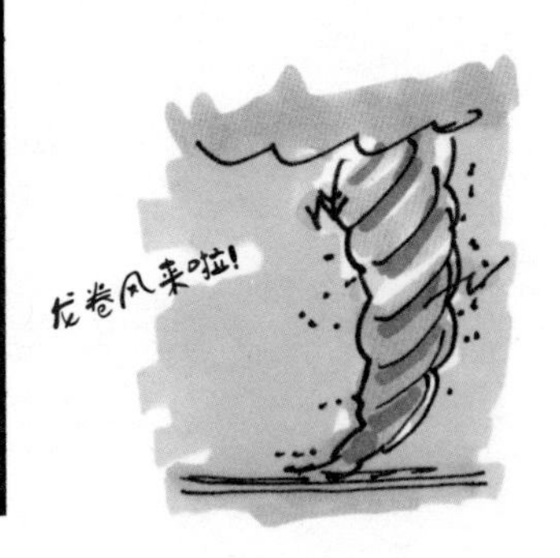

防备龙卷风 室内

预先知道龙卷风发生的前兆

虽然不能准确地预测龙卷风等剧烈的突发大风的发生时间，但只要预先知道诱发龙卷风的积雨云来临的前兆就可以加以防范。请注意观察以下四个方面。

①乌黑的云层逼近，周围迅速变黑。

②可以听到雷鸣或者看到雷光。

③天上刮起冷风。

④天空降下大粒的冰雹。

如果出现了以上情形，则可能发生龙卷风，请及早避难。

关好窗户，为了防止玻璃飞散，将窗帘拉上。

转移到坚固的房屋底层，如果可以请转移到没有窗户的房间里。

躲到结实的桌子下面——

将身体蜷缩起来，保护好头部。

如果有地下室，请到地下室避难。

了解有液化现象土地的风险和历史

东日本大地震中，出现了大规模的液化现象。

像蘑菇一样突出来的下水道口。

自治体所制作的危险场所地图，可以进行参考。

并非所有的自治体都在网站上公开了危险场所的信息。

也可以直接咨询自治体窗口，从当地工作人员那里了解信息。

如果可以，实际走走去那里看最好不过。

暴雨突袭时看似平静的街道有意想不到的危险

我住在丘陵时看到，只要一下暴雨，道路便被水淹没。像河流一样的水流冲走了沥青，冲走了下水道的井盖，在地势低洼的道路上形成一片汪洋。沿街的半地下式商店和住宅必须建造围墙或者用土堆高地面才能防止浑浊的水流进入。也就是说，在看起来什么都没有的被水淹的道路上却有意想不到的危险。此外，电线杆子上有“到目前为止洪水痕迹记录”的显示。一定要注意看呦！关于液化现象，最重要的是需要了解这块土地以前的来历和将来的风险。

躲避雷击的重要注意事项

雷击可能落在任何地方

发生雷击时，室外危险的地方当属高尔夫球场或海岸等宽阔的平坦地带。人处于这样的场所是非常危险的。钓鱼竿、伞等较长的物品不要举在头上，如果出现雷击，要马上放下这些物品到建筑物或车中避难，如果周围没有这样的避难场所，则须低身蹲下，再往地势较低的地方转移。此外，虽说木造建筑的内部基本安全，但如果能离开电器、天花板以及墙壁1米以上，则更加安全。

逃离雪崩

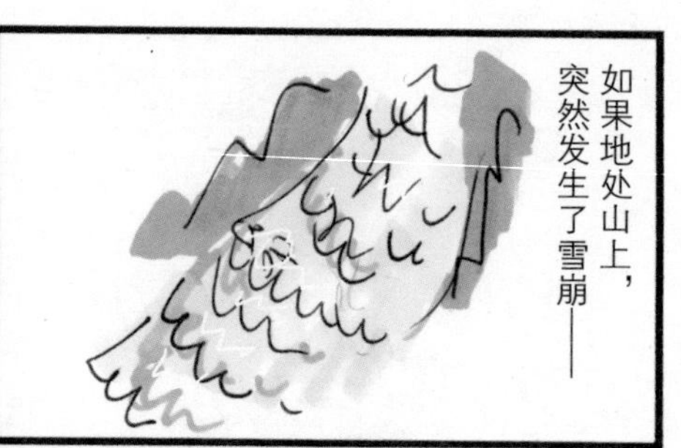

陷入雪崩困境的自救方法

当人被卷入雪崩时，要闭上嘴巴，双手像游泳一样往上拨。之所以要闭上嘴巴，是因为雪进入口中可能导致无法呼吸。如果双手拨不上去，就用两只手在嘴巴周围拨弄出空间。被雪埋在下面时，可以将身体蜷缩起来，静静地呼吸，等待救助。在雪崩中被埋没15分钟后生存率就急剧下降，也就是说，能否确保呼吸空间极大地影响着人的生存率。

在有可能发生雪崩的季节和地区，有降雨、下雪以及夜晚，不要在滑雪场内独自滑雪。

遇到山坡雪崩时，切勿向山下跑！
应该向山坡两边跑！
雪崩时速可达每小时200千米（公里），
跑到地势高处才比较安全！

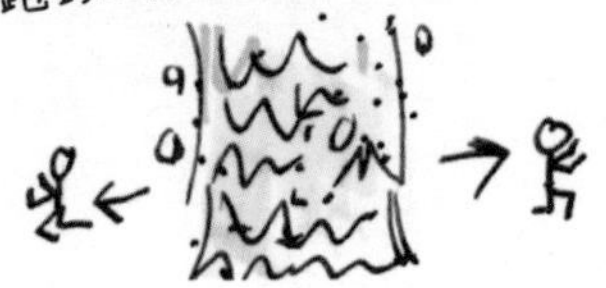

停电对策

6

停电对策

停电之前就要做好准备

电梯、立体停车场、自动锁定的门、煤气、下水道都可能因为停电而无法使用。

应该提前为收音机准备好电池、为手机充好电。

随时保存电脑中的数据。

在塑料瓶中装入开水、食品和应急物品、方便面等。

拔下电器插头。

虽然对于照明方式非常有把握，不过在处理火烛时还是要多加注意。

解除停电警报后，及时收拾好房间

由于东日本大地震的影响，发生了福岛第一核电站事故，致使很少停电的日本也开始停电了。在解除停电警报后，要检查那些可能引起火灾的电热器具，要提前拔下插头。为了预防晚上再度停电，要收拾好房间以免被物品绊倒。准备好限定几个小时的停电计时器。只有这时候我们才会感谢电器，享受有电器的生活。

一下子回到从前——在20年前的婚礼上，点亮了蜡烛

6

停电对策

彻底省电的方法

拔下温水喷洗马桶座的插头——

如果这一点难以做到，只盖上盖子也可以省电。

不推荐使用保温壶的保温功能，以节省用电。

将烧开的水放入水瓶和保温性强的水杯。

从傍晚开始就要避开电力消耗的高峰时段——

做好饭后不要开启用电保温功能。

为了节约用电，全家人可以聚在一个房间内。

一起想出节约用电的创意性方法

未使用的房间一定要记得关灯并切断主电源，尤其是对于容易发热的家电而言，使用时要尽量避开电力消耗的高峰时段。将电视设定为省电模式；使用压力锅以大大缩短做饭的时间；尽量少开关冰箱门；让室内除湿机和餐具干燥机休息一段时间。如在寒冷的冬天，白天穿上厚衣服；晚上早点睡觉，将被子增加一条等等。用游戏的方式全家一起想出关于省电的创意性方法吧。

发生紧急情况时有用的自制油灯

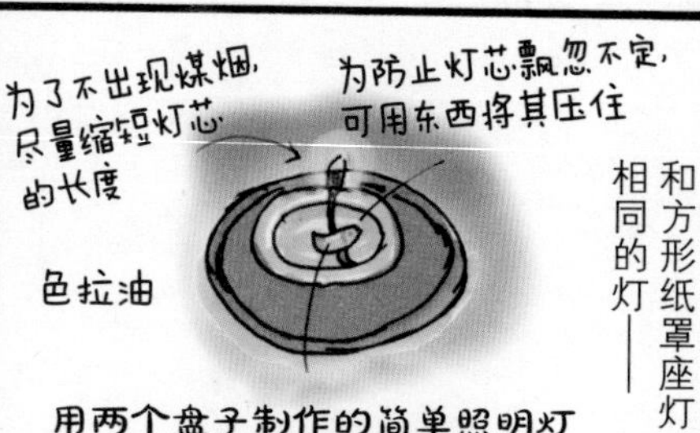

用两个盘子制作的简单照明灯

用金枪鱼罐头盒制作的油灯

用空罐头盒制作的油灯

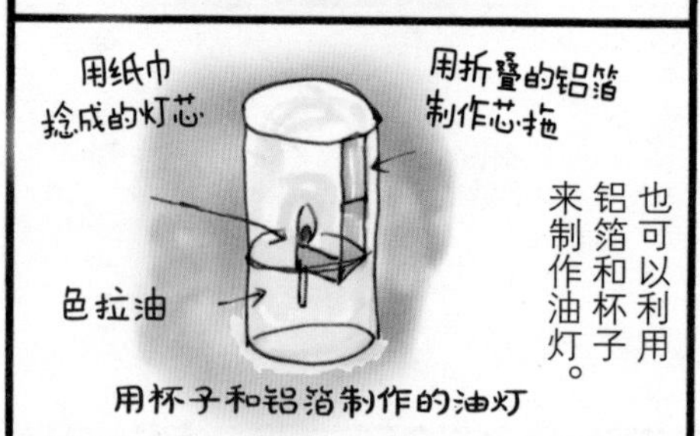

用杯子和铝箔制作的油灯

停电时要注意防火

现代人已经不太习惯黑暗了，如果谁使用手电筒或蜡烛照明，你大概会被此举吓一跳吧？蜡烛或手工油灯的光距短，无法用于看书，仅用于判断“这里有张桌子”“这里有个架子”。在停电时和发生紧急情况时点油灯和蜡烛也一定要小心。

要注意：用杯子和铝箔做成的油灯，杯子倒了可能引起火灾。为了预防万一，应该将做好的油灯放在盘子上面

停电时使用头灯和荧光圈非常方便

停电时要考虑安全第一

发生紧急情况后停电是最危险的时候。可能发生因绊倒而受伤或者因蜡烛倾倒而引起火灾的情况。因此，停电时最好睡觉。准备一盏头灯吧，去厕所时，就方便多了。

庙会上使用的荧光圈，停电时使用起来非常方便。

在百元店就可以买到。

让小孩戴在身上，很远就可以看见小孩在哪里，非常安全。

样式各异的荧光圈……

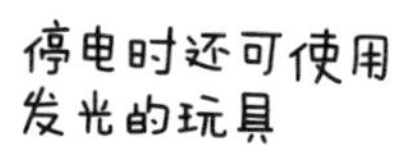

如果在手电筒外面罩上塑料袋，就成了一盏光线柔和的灯

6

冰箱的停电对策

平时就要把装入水的塑料瓶放进冰箱里，使其结冰。

瓶里的冰块起到了保持冰箱低温的作用。

为了在停电时不使用冰箱，可以有效利用便携式保温箱。

此外还可以想办法在冰箱内安装一扇保冷门。

把当天要用的食物放在冰箱内靠外一侧，以方便取出，节约用电。

平时就要整理冰箱！

停电时保持冰箱冷冻功能的对策

每次打开冰箱门都会丢失一部分冷气、消耗一部分电力。即使在停电时，如果几个小时不打开冰箱门，冰箱里的食物也可以保持原来的新鲜品质。况且，塑料瓶里的冰块融化后还可以作为冷饮。需要注意的是，想要很好地把塑料瓶里的水冻成冰块需要两天时间，应该提前作准备。停电时，为了防止家人习惯性地打开冰箱门，可以在冰箱的显眼位置处贴上一张纸条用以提示。

6

停电对策

想方设法利用时间差节约用电

夏天的用电高峰时段是白天和傍晚——

使用空调和做饭也需要大量用电。

熨衣服以及制作点心可以在深夜进行——

非常时期的节电心得

世界上的节电对策包括错开工厂机器的开工时间、错开各企业的休息日，除此之外，家庭和个人用电时也可以有效地利用时间差尽量节约用电。例如，暑假期间，小朋友们可以在用电高峰时段去图书馆或公民馆，或者和小朋友一起商量将此时段定为复习功课的时间；或者像西班牙一样，引入午休怎么样呢？这种在促进健康的同时还可以省电的办法，可谓一石二鸟。

引入午休，关闭电源也是个不错的节电想法哦！

在凉席、竹帘上洒水吸纳凉风

现在有用水浸湿后的冷飕飕的毛巾、放入保冷剂的大手帕、功能性乘凉床单等多种多样的生态防暑商品。老式的凉席也非常受欢迎。只需要在整个凉席上洒水，然后用吹风机吹干，就可以变凉了。晚上回家开空调之前试试这种方法吧。当然，洒的水是要利用洗澡水或者用于防灾而保存的水哦！请参考26、27页（就是自己每天要更换掉的自来水）。

只有日本乘凉时用风铃吗！?

应对紧急情况的18种制作方法

塑料瓶盖变成淋浴器

用图钉或锥子在塑料瓶的盖子上钻一个孔——

非常容易扎进去！

可以将珍贵的水调整为适当的量——

用于洗手或给宝宝洗屁股——

如果增加几个孔，就可以洗脸或洗手了。

只淋浴脸部时……

发生灾害时，充分利用和节约用水

在靠抽水泵引水的公寓以及靠电动泵向上水道加压的住宅，由于发生灾害、停电等影响，可能导致自来水中断。利用自制的塑料瓶淋浴器，想办法节约每一滴生活用水。估计一下除饮用水外，家里每天还需要多少生活用水？平时家里也要储备水（参考24、25页）。此外，不洗澡的晚上，只用水洗脚和洗屁股就可以了。

用42℃的热水洗脚
15~20分钟

废弃报纸的多种用途

报纸不同于复印用纸，其表面上没有涂层工艺，所以有良好的吸湿、防臭性。加上墨水中所含的油分一旦和水交融，就会发挥出界面活性剂的作用。很早之前报纸就用于防虫，报纸还可以用来扫地，用搓揉成团的报纸擦玻璃，可以将玻璃擦得干净透亮。发挥自己的创造力吧，还可以想出更多的报纸的新用途哦。

保鲜膜的多种用途

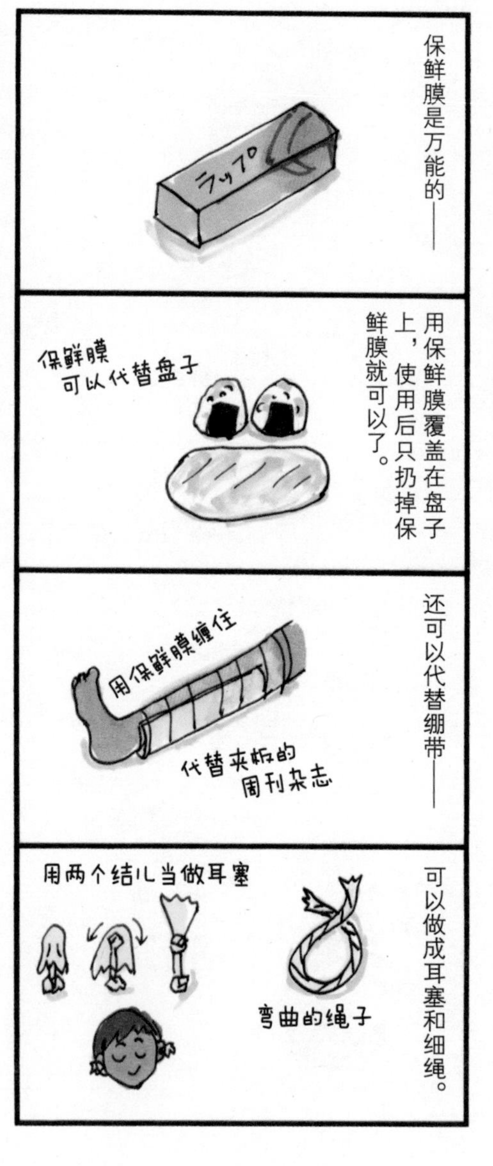

保鲜膜可以代替绷带和海绵

在非常时期，保鲜膜有很多用途。如果在需用绷带而没有的情况下，保鲜膜可以代替绷带，只需把保鲜膜缠在当做夹板的杂志上就可以了。如果没有海绵擦盆子，将保鲜膜搓揉一下就可以当作海绵用了。保鲜膜包在头上还可以防止雨水淋湿头发……保鲜膜更多的用途请在生活中去发现吧!

紧急自制婴儿用尿布

塑料袋和毛巾制作婴儿尿布应付紧急需要

无论何时何地，婴儿都得使用尿布。假如超市和药房已经关门，你才发现手头没有尿布，就只得想办法用身边容易找到的物品代替了。可以用塑料袋和毛巾来制作。如果家里找不到做尿布的材料时，请告诉周围的人。儿童是社会的财富和未来，大家都会给予帮助的。

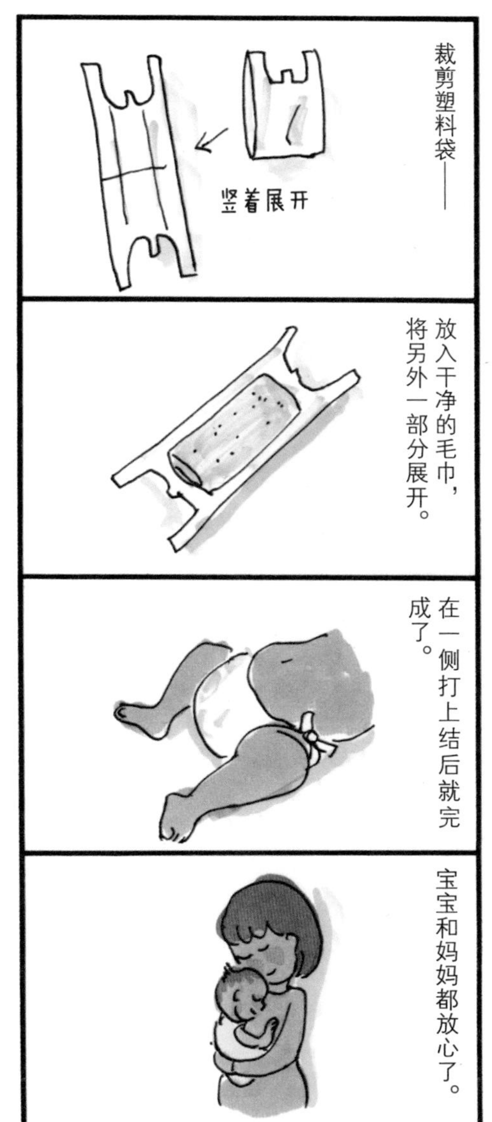

告知周围的人，
自己的宝宝
需要别人帮助！

手工制作婴儿擦尿布

如果宝宝的擦尿布丢了。

将少量婴儿沐浴乳放入温水中搅匀，取一叠干净的毛巾备用。

婴儿沐浴乳

スキナベーブ

干净毛巾

将溶解在水中的沐浴乳浸在毛巾上并保存在容器内。

擦尿布到刚好可以拧出水滴的程度就可以方便地使用了。

早上做好一天的用量，当天用完。

用棉布和沐浴乳制成婴儿擦尿布

如果婴儿的肌肤对尿布敏感，只要在自制擦尿布时于水中放入少量的婴儿沐浴乳就可以收到对婴儿过敏皮肤无刺激的效果。而且在擦拭婴儿屁股上的大便时，使用饱含水分的手工擦尿布，只需稍稍拧干水分就可以进行擦拭了。要提醒的是，用一点点婴儿沐浴乳溶入水中就足够了，多了反而无益。做好的手工擦尿布保存在有盖子的容器内，控制在一天可以用完的分量内。

为了在冬天时不冻坏婴儿，擦尿布用水温热后再使用

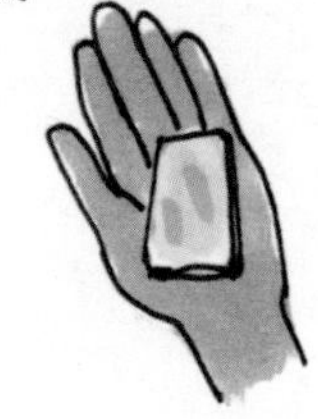

用塑料瓶制作苍蝇诱捕器

非常时期手工制作的苍蝇诱饵非常有效

这是一种苍蝇进入瓶子后无法出来的简单诱捕器，避难生活中证明非常有效。当我们把瓶子放置在有大量苍蝇出没的地方时，一天便会诱杀到半瓶苍蝇。当然，诱捕苍蝇关键还在于诱饵。用醋或酒等气味强烈的溶液配制的诱饵会吸引更多的苍蝇自投罗网。为了不让苍蝇飞出来，瓶口一定要小。如果在诱饵中混入少量的洗涤剂，落入瓶中的苍蝇便会因为界面活性剂(洗涤剂)的作用而溺死。不过，如果不切断苍蝇的产生源头，还是无法彻底解决问题的。

用小瓶口的塑料瓶做成的苍蝇诱捕器就会发挥巨大的作用。

小塑料瓶用来捕捉小苍蝇。

用透明胶将瓶口弄窄

装入苍蝇喜欢的诱饵

截断

用牙签进行固定

因为苍蝇诱捕器不含杀虫剂，对宠物和家畜都比较安全。

手工制作卫生巾应对紧急情况

为了防止生理期感染，需要准备干净的棉布材料。

紧紧地卷起来

里面的物品包括纸、布或具有吸水性的干净物品。

如果有条件可以消毒再好不过。

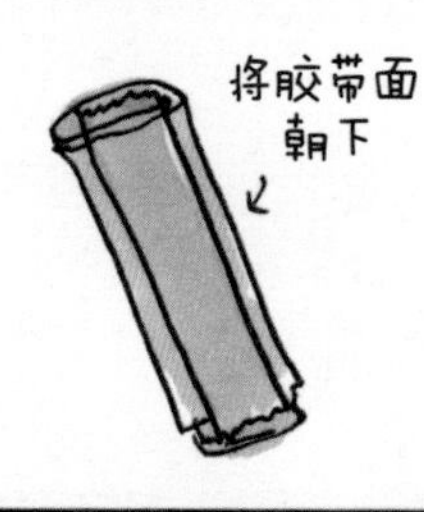

卷好后用透明胶固定，以防止血液浸透内衣。

拆开并清洗后可以重复使用。不过为了防止感染，最好只使用一次。

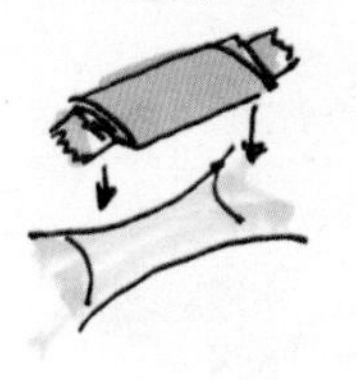

卫生巾也是需要紧急援助的物资之一

无论什么时候，无论发生什么意想不到的情况，生理期都有可能到来。在东日本大地震时，卫生巾也是一种需要紧急援助的用品之一。而且在受伤时，用手工制作的卫生巾盖住伤口，再缠上绷带就可以止血。

用身边现有的干净物品制作卫生巾

制作野营时也可以放心睡觉的睡袋

自制紧急用睡袋应注意保暖防湿

拆开泡沫聚苯乙烯箱子，将瓦楞纸板折叠起来铺在底层，以阻隔地面潮湿凉气，用报纸和衣物等隔出空气层。为防止有风透入，用蓝片★覆盖外侧。为了使温暖的空气留在睡袋内，最重要的是要想方设法盖好肩部，不使此处透风。如果没有蓝片，可在塑料袋中放入报纸，盖在身上还可以代替被褥。

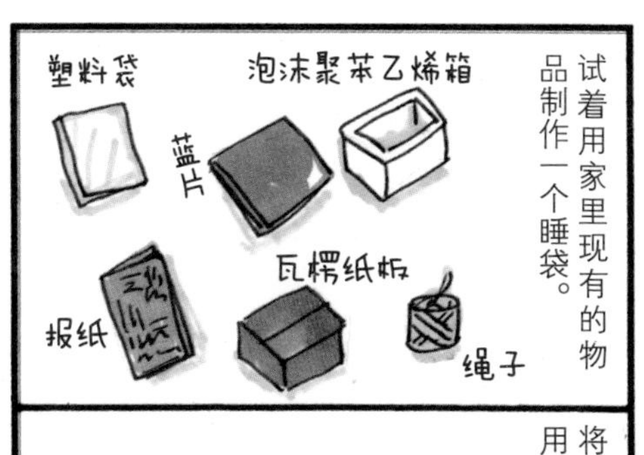

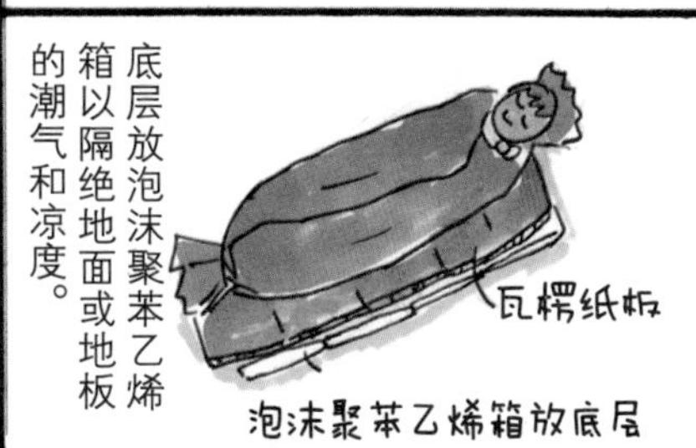

★蓝片(ブルーシート)：聚乙烯等合成树脂等制成的一种用途广泛的片材。在日本用于建筑、防灾、露营等方面。具有强度高、韧性好、防火阻燃、防水、轻、薄、价格便宜等特点。因为大部分商品呈蓝色，常以片或卷的形式销售，故又称为"蓝片"或"蓝板"。——编者注

自制当做墙壁使用的更衣篷

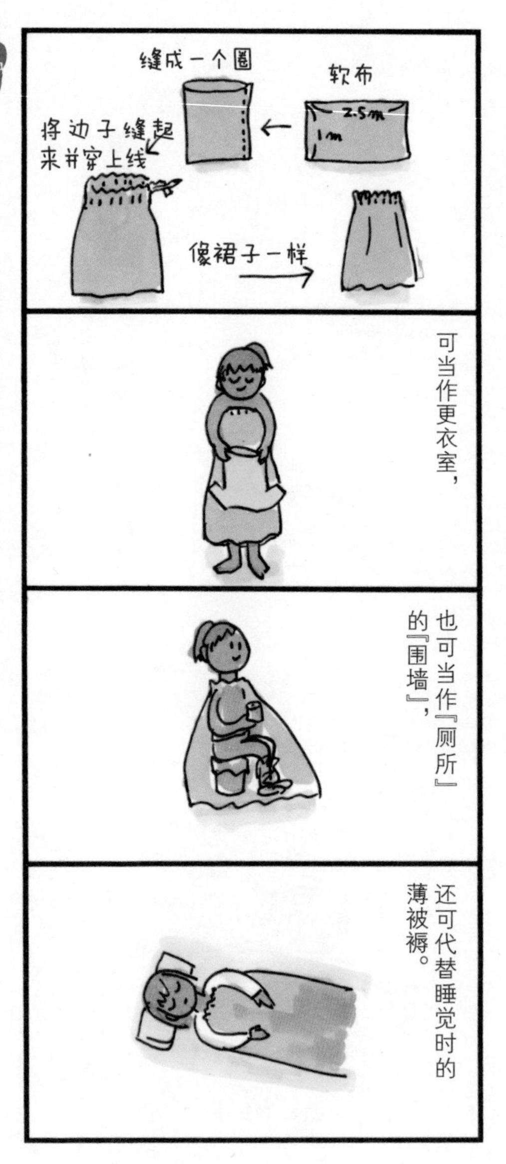

便携式更衣篷的多种用途

本物品适合在没有隐私的避难所以及对其围墙不放心的应急厕所内使用。可以用旧床单进行制作。如果用柔软的薄布制作则非常轻巧，可以装入防灾应急包中，还可以代替毛巾毯以及作为窗帘使用。如果为了可以让母子几人使用，还可以将更衣篷做得更宽大一些。更衣篷在海水浴或野营中似乎也能发挥很大的作用呢。

随处皆可使用的连裤袜

随身携带方便实用的连裤袜

具有伸缩性的连裤袜在日常生活中经常使用，在非常时期的避难生活中也能发挥巨大作用。利用它可以轻松地将贵重物品放在里面再缠到腹部；可以利用其具有伸缩性的特点，在避难所将自己的行李或配发的寝具整理并拴在一起；也可以当作绳子使用。它和绳索不同的是，捆住东西后不容易松开、却容易解开，老年人使用起来十分方便。当然，使用绽了线的连裤袜就足够了。

还可以在阳台上
晒被子时使用哦！

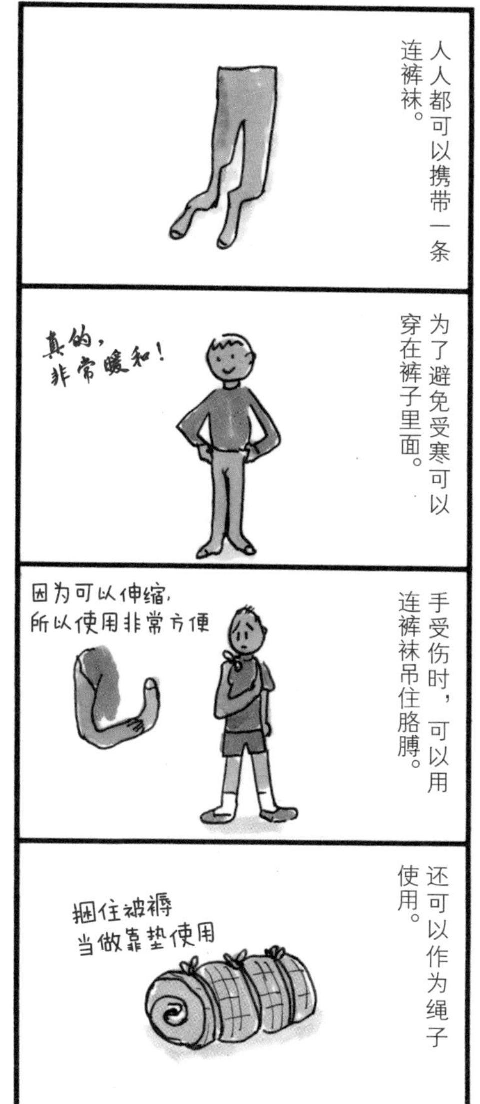

自古以来的万能薄棉布

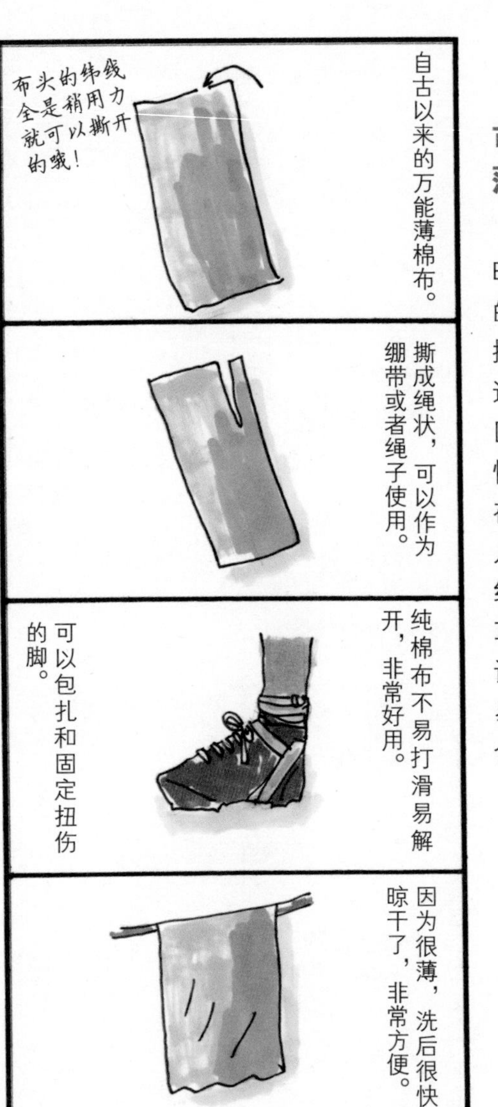

可手洗易晾干的薄棉布

薄棉布轻薄吸水、容易晾干，最大的特点在于两端的纬线是开口的，很容易撕开。在历史剧中有没有见过这样的情形：有一个姑娘因草屐带断裂无法行走而烦恼，于是路过的男子用牙齿在自己的薄棉布衣服上弄出几个裂缝，并将薄棉布撕成绳状，更换掉了姑娘断裂的草屐带。正如上面的故事所说，薄棉布作为一种吸湿、易干、易撕开的材料非常适合只能手洗的避难生活。

可以把薄棉布装进防灾应急包中

穿雨衣可以避免很多危害

雨衣可以免受灰尘和石棉之害

在地震后倒塌的建筑物附近，尘土飞扬；因海啸和雨水浸湿的瓦砾干燥后也是尘土飞扬；人们进行拆除作业时更是如此，废墟上还弥漫着古老建筑物中对人体有害的石棉的难闻气味，所以一定要加以注意。在这种场合中，可以利用雨衣来遮风挡雨、防止尘土和粉尘。受灾地因缺水，无法洗衣服，为了避免自己的衣服被弄脏，穿上雨衣就非常方便了。

在废墟作业中，还可以戴上防尘口罩，来抵挡尘土和石棉之害

脚冷时用热用塑料瓶代替脚炉

将很烫的水倒入热用塑料瓶中。

将热用塑料瓶放进袜子里。

套两层袜子

可以通过加袜子的层数来调节温度。

封住袜子口，一只简单的脚炉就完成了。

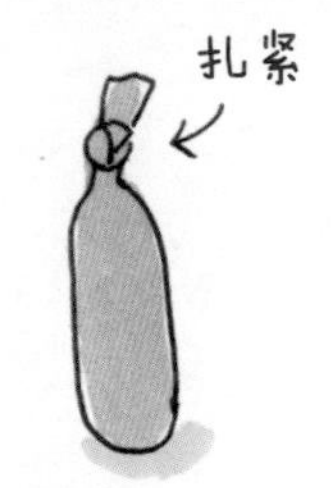

把脚炉尽快放入被子里，直到第二天早上脚炉还是温热的。

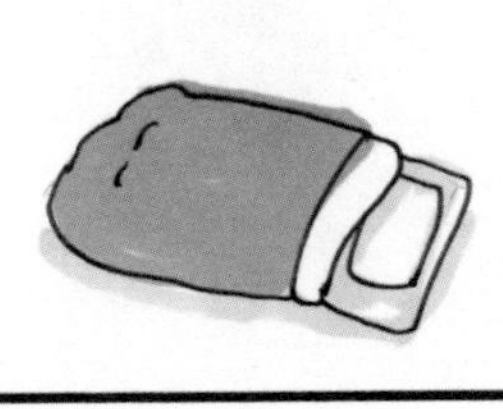

推荐热用塑料瓶代替脚炉

脚冷时，身边没有脚炉怎么办？如果备有热用塑料瓶和袜子就可以代替了。市面上出售的塑料瓶大致可以分为两种：一种是热用塑料瓶，用于装温热的饮料或开水，其标记是橙色的瓶盖；另一种是冷冻用塑料瓶。热用塑料瓶具有耐热性，所以推荐用此制作脚炉；而不推荐用冷冻用塑料瓶，因为即使将开水倒入冷冻用塑料瓶中，瓶子也不会传热。另外脚炉最好避免使用轻薄的塑料制品来做。

也要防止脚炉低温烧伤哦！

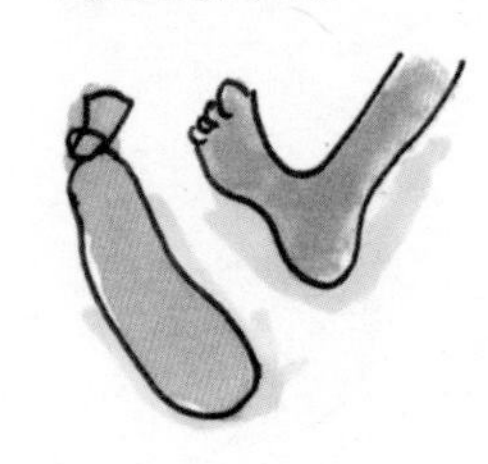

牛仔夹克顷刻间变成婴儿背带

牛仔夹克可以承受75千克的重量

牛仔材料起源于马车的篷布，它比任何布料都结实。牛仔服装的纽扣也多为难以取下的金属钮扣。当没有婴儿背带时，只要一件牛仔夹克就可以了。用作婴儿背带时，固定好金属钮扣是最基本的前提。使用前，要确认金属扣是否牢牢扣紧。所用牛仔夹克的大小根据母亲和婴儿的体型大小可有所不同，背婴儿前，一定要进行试用哦。此外，容易脱落的牛仔夹克金属揿钮不能用来做婴儿背带。

扣紧钮扣的牛仔夹克既保暖、又结实

解开一只袖子的金属钮扣，把它连接到另一只袖子上。

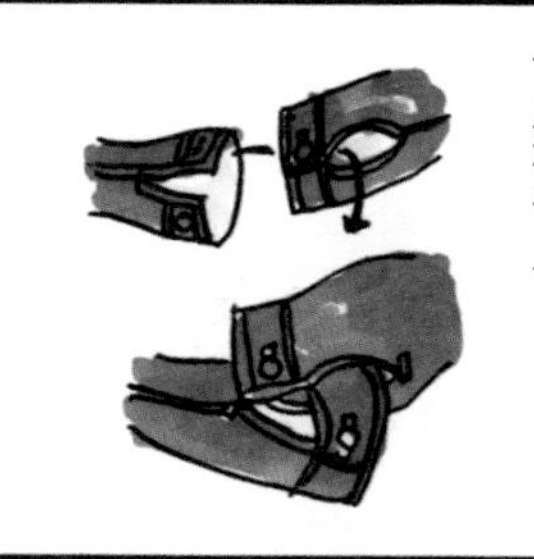

将衣服下摆围在大人腰间——

将最下端的钮扣扣好，固定在背上。

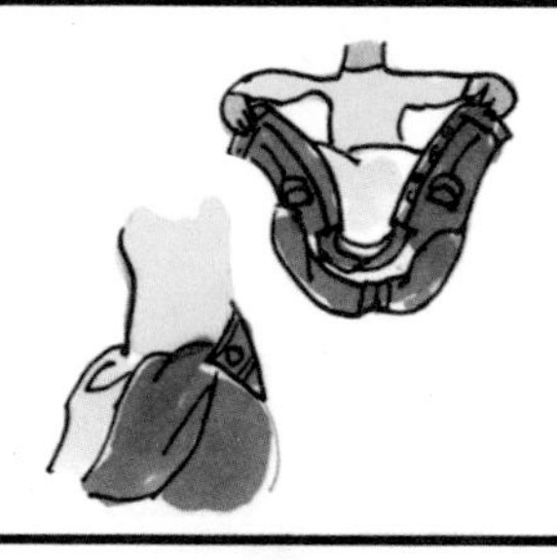

衣服里子朝内。将连接好的袖子套在大人的颈部，婴儿背带就完成了。

使用前先试用，拉一拉，看看背带有没有问题。

将婴儿放在里面就可以了。

用围裙代替婴儿座椅安全带

将围裙系在结实的椅子上。

让婴儿坐在上面并系好绑带。

在椅子背后打结。

即使是婴儿稍微晃动也没有问题。

用围裙做婴儿安全带

在避难所等地方没有婴儿专用的椅子，而一般的椅子可以转动，让婴儿坐在上面非常危险。如果有一条结实布料做成的围裙，就可以代用为安全带。不过有的婴儿在哭闹时会剧烈地晃动则非常危险，所以请不要让婴儿离开自己的视线。除了在发生灾害的非常时期，在没有婴儿专用椅的情况下也可以用此办法解决。

用围裙制作的婴儿安全带

用牛奶盒制作汤匙

牛奶盒可以做成多种餐具

分享做好的饭菜时却没有筷子和汤匙，该是多么令人烦恼的一件事啊。牛奶盒是一种防水且容易加工的材料。横着切开便成了一个杯子；竖着切开便成了一只咖喱碟，全部打开后再切开可以代替案板，还可以用它来做成多种餐具哦。

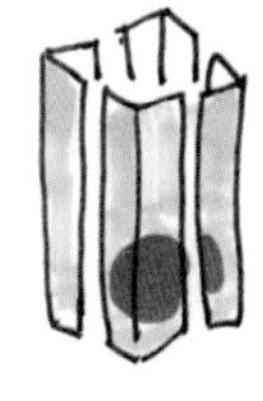

清洗折叠后可以移动

用瓦楞纸板制作桌子

撕开一个箱子，用瓦楞纸板做桌面。

然后，制作桌子腿的配件。

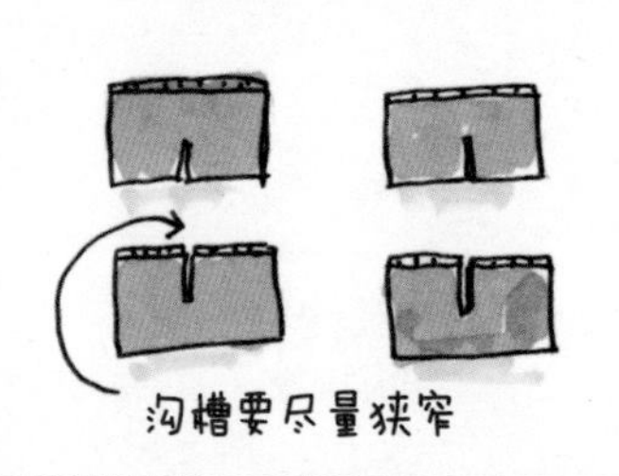

组合成桌子腿——

将桌面放在桌子腿上就完成了。

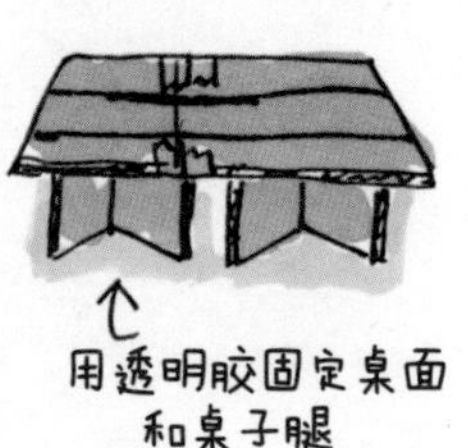

手部施加重力时，桌子可能被掀起来，所以一定要多加注意。

随处可用的纸板桌子

如果有一张小桌子，孩子们无论吃便当啊还是画画啊都非常方便。在避灾所里，纸箱是非常容易找到的，用它来做桌子再方便不过了。切瓦楞纸板时，用专用的刀具比较方便。如果没有瓦楞纸板专用刀，厨房多用剪也是可用的。不过要注意，刀具很锋利，制作时请多加小心。

用瓦楞纸板制作室内鞋

在避难所室内鞋是必需品

光着脚行走在硬地板上非常累，天气冷时还容易冻脚。无论去厕所还是在走廊上行走，都非常想穿舒服的拖鞋。最好提前将“漂亮的室内鞋”放入防灾应急包中。在没有准备拖鞋或室内鞋的情况下，可以用瓦楞纸板手工制作，也可以用报纸制作，当然用较厚的瓦楞纸板做比较好。用其做出的拖鞋，脚尖部较窄，不容易从脚上脱落下来。当然，用瓦楞纸板制作的拖鞋只能在室内穿哦。

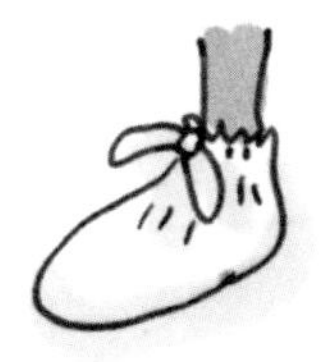

避难的体育馆缺少拖鞋。

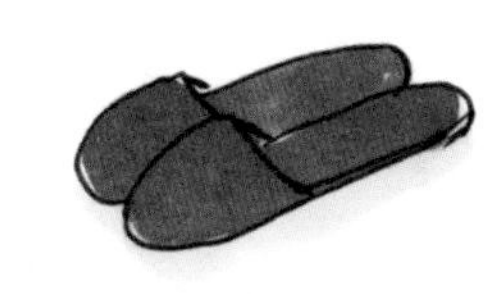

这时如果有室内鞋就非常方便，还可以成为预备鞋。

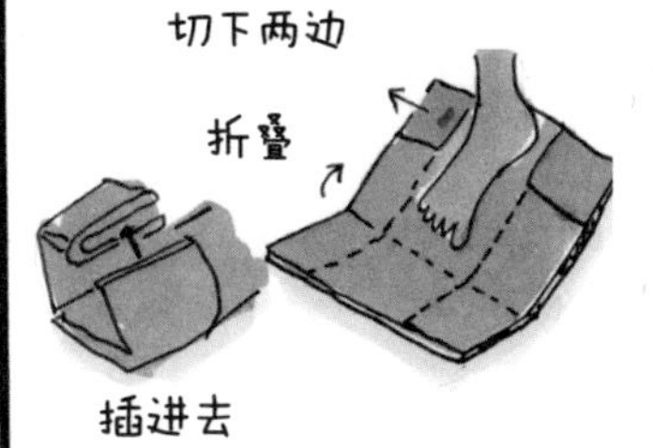

即使没有室内鞋，也可以用瓦楞纸板来做。

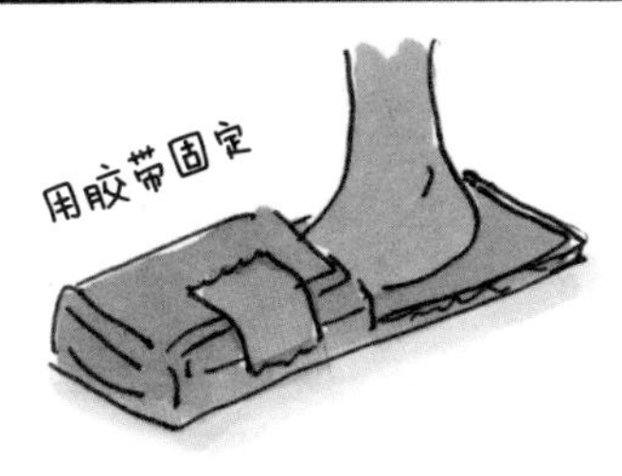

用瓦楞纸板制作的简单拖鞋就完成了。

应对紧急情况的烹调方法

8

用一根汤匙打开罐头

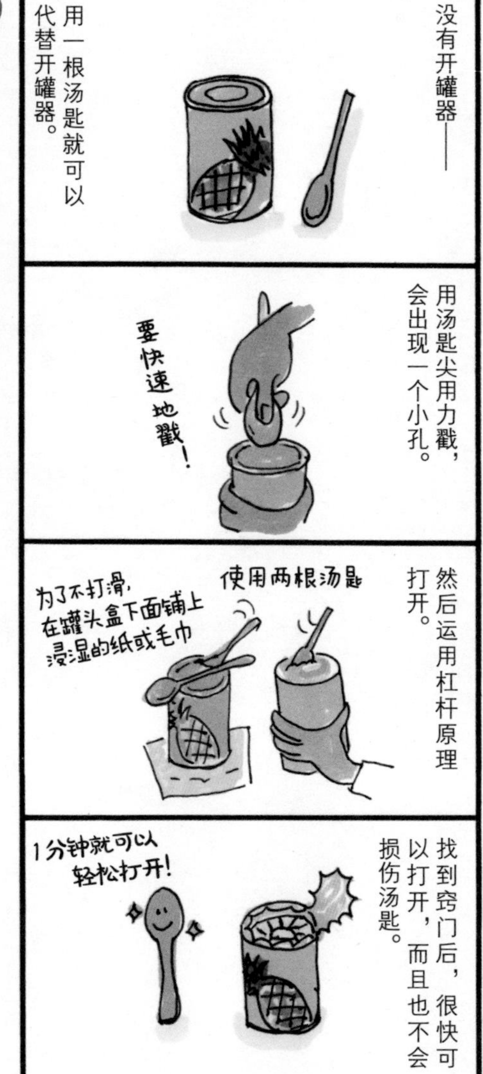

用汤匙打开罐头运用杠杆原理则非常简单

虽然近来出现了许多免用开罐器的商品，但好多罐头仍然需用开罐器才能打开。在发生紧急情况时如果没有开罐器，可以尝试用汤匙来代替。诀窍是：将汤匙尖对准开罐器所要对准的边缘，将力气施加到一个点上，用力撬5~6秒钟。只要打开了一个孔，就可以运用杠杆原理用汤匙撬开盖子了。用汤匙难以打开时，在罐头上再放上一根汤匙，成为一个杠杆。在找到窍门之前要花很大的力气哦。如果难以打开，去找力气较大的男士帮忙吧。

难以打开的水果罐头

停水时巧用厨具进行烹饪加工

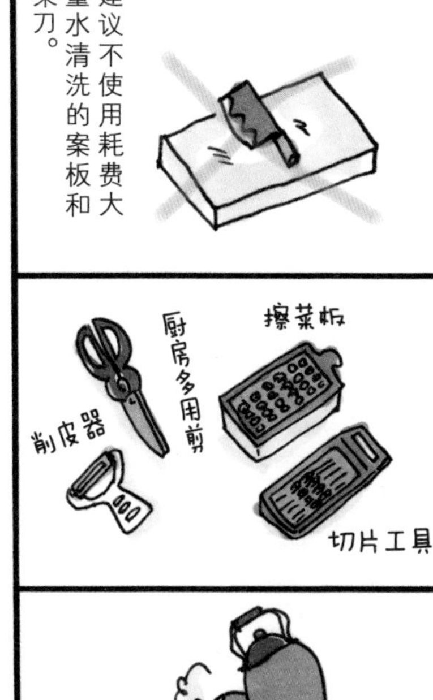

使用小巧且方便的烹调用具应对停水

切肉和蔬菜时需要使用擦菜板和切片工具。如果用厨房多用剪代替菜刀，削皮则非常方便。浅水井的水和非饮用水可以用来作蒸饭水。将食物材料放入可煮塑料袋后紧紧地封住袋口，放入烧开的生活用水中进行煮制。准备一些大大小小的可煮塑料袋，可以用于许多方面，非常方便。

用剩饭做成的『α米』可以保存半年

剩下的米饭——

用干净水冲洗净黏液。

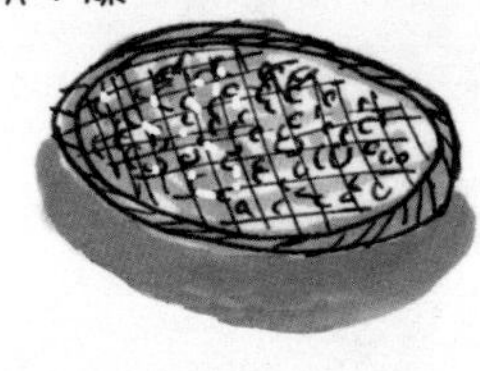

放在网孔很细的筛子里摊开使其干燥

放在阳光下晒几天，米饭就变得干巴巴的了。

可以长期保存的干饭就制作完成了。食用时用冷开水或沸水还原为米饭。

忍者和战国武将都吃过的“干饭”

干燥后干巴巴的饭被称为“干饭”，很久之前就是旅行便携食品，战争时期作为应急食物，非常宝贵。现在更名为“α米”，成为固定的应急食物。干燥后的“α米”如果保存在密闭的容器内，可以维持半年时间不变质。食用时用冷开水浸泡1小时或者用沸水浸泡半小时就可以还原为米饭。此外，如果不用水煮而是用油炒，则可以变成美味的“煎饼”哟。

泡菜和罐头令人胃口大开

虽说是非常时期，但如果连续吃速食食品，人就会特别想吃蔬菜。这时如果备有一小碟泡菜或西式咸菜，都将令人胃口大开，还可以补充维生素。在非常时期，也要很好地利用罐头和蔬菜想方设法调出好味道来。为了防止肠道病，食用时放点大蒜和醋并尽快吃完。

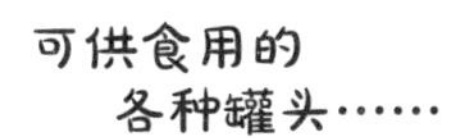

金枪鱼罐头

8

应对紧急情况的烹调方法

用铝皮罐头盒制作小炉灶

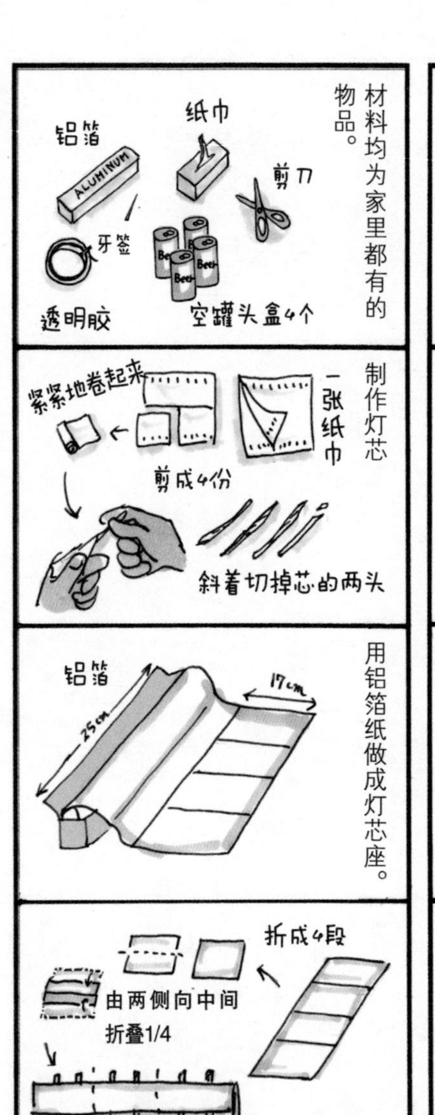

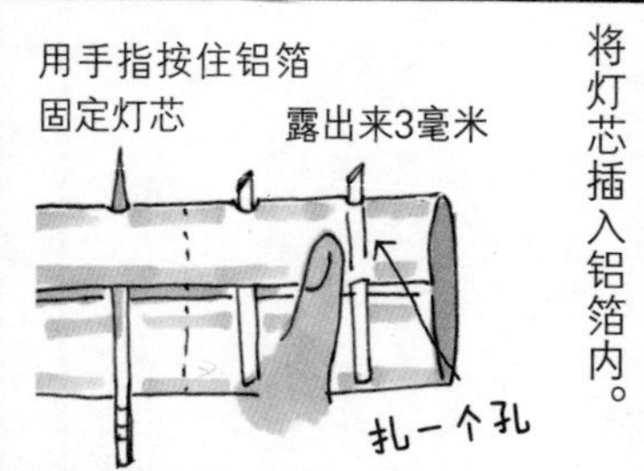

制作炉灶——

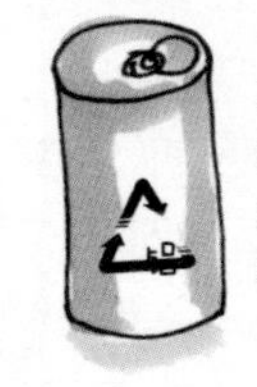

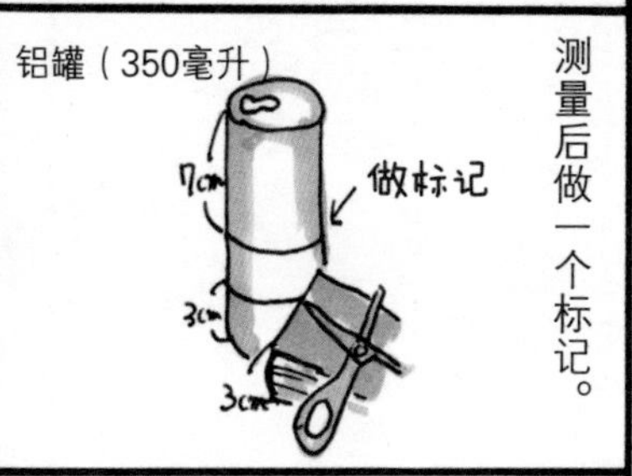

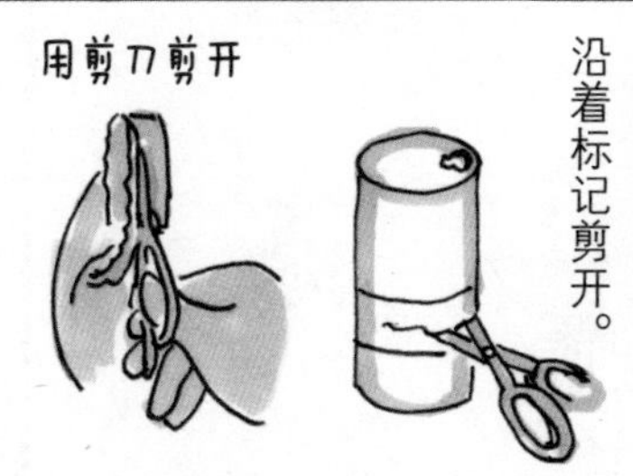

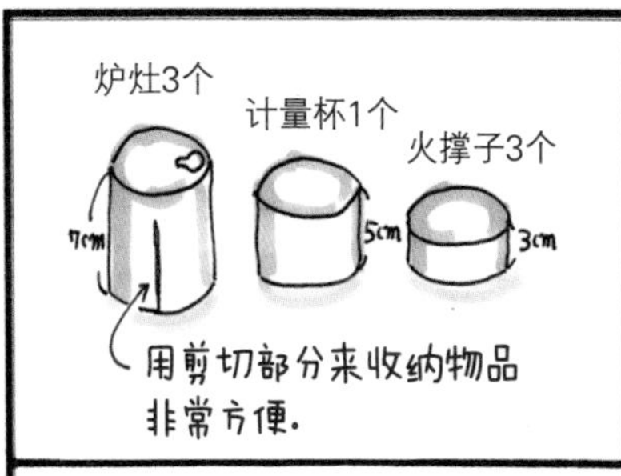

制作炉灶的火口——

将火撑子和火口搭配在一起，放入未洗过的米。

用铝箔做的挡风装置。

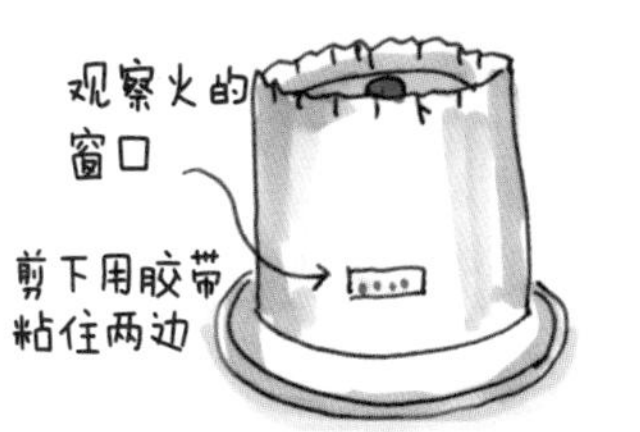

盖好锅盖为速食品加热。

40分钟后饭做好了。

制作的小炉灶可以重叠收纳。

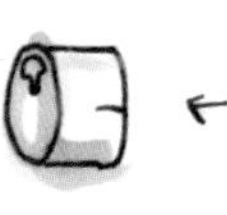

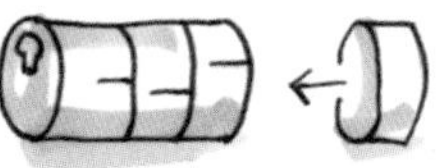

如果使用挥发性较高的油则非常危险。

用防灾专用可煮保鲜袋煮米饭

防灾专用
可煮保鲜袋

在防灾专用可煮保鲜袋中放入等量的米和水。

先煮15分钟，再隔水蒸10分钟。

煮过米袋的水还
可以用来做汤哦！

香喷喷的米饭就做好了。

尽量不用水清洗炊具

用锅煮饭时，想要做到不煳锅非常难，如果还要用珍贵的水来清洗烧焦的锅就更心疼了。紧急情况下，用防灾专用可煮保鲜袋（日本的新型民用防灾用品）煮米饭则非常简单（商店有售，可提前准备）。还可以用煮过防灾专用可煮保鲜袋的开水来煮汤或者咖啡。由于是非常时期，即使不是免洗米也不会用珍贵的水来清洗。要注意的是，米量不同，烹煮的时间也不同。

还可以准备
防灾专用
煮饭袋！

自制不用燃料又安全的烹饪保温箱

非常时期也能吃到热和美味的饭菜

在避难生活中，燃料非常珍贵。烹饪保温箱是一种简单的自制保温器具。我们把已经将食品煮熟还在继续沸腾的食品锅放置其中并继续维持其热度。因为不用火力，还能持续保温一段时间，所以比较安全。而且还不用在火上把饭菜彻底煮透熟，借助其保温的特点就可以吃到美味热和的饭菜了。不过，烹饪保温箱不能代替冰箱，注意不要将存放有食物的锅放置在里面过夜，以免食物变质。

非常时期的卫生、身体状况管理

灾害专用厕所和便携式厕所

下水道口式厕所——直接铺设在下水道总管的下水道口处。

外面架一顶帐篷

可供很多人同时使用的直通式灾害专用厕所。

帐篷

下水道

大致形象

街头也有抽取式的临时厕所，一次只容纳一人使用。

可以在东京街头看到的临时厕所

如果有一个便携式厕所就会比较安心。

这种『厕所』设置了高分子吸水聚合物和排便袋（黑袋）。

灾害专用厕所知识

下水道口式厕所： 因为通道直接与下水总管的下水道口处连接，所以在使用时没有便池容量的限制，可供很多人同时使用。

蓄积式临时厕所： 便池的数量有限，使用人数也是有限的。这种临时厕所平时在街头也可以看到。

便携式厕所： 像婴儿尿布样式的“临时厕所”。利用了吸收尿液后进行固化处理的构造，设置了高分子吸水聚合物和排便袋（黑袋）。

紧急自制临时厕所： 是解决内急的临时应急式厕所，利用废弃物都可以制作。只要将排便袋放入其内，大便后撒上消毒凝固剂，再将排便袋扔到粪便专用处理垃圾箱里就行。

另外，还有多种多样的防灾厕所可供选择。

紧急自制临时厕所

将排便袋放在瓦楞纸箱或挖好的坑内，大便后撒上消毒凝固剂

准备自用的简易厕所

解决刻不容缓的厕所问题！

在避难生活中，公共厕所经常会比较拥挤、比较肮脏。有的人因为忍着不去厕所而不喝水，最终导致身体得病。无论儿童还是大人，厕所问题的解决都是刻不容缓的，大家都可以想象一下最坏的情形。市场上销售的便携式厕所，就采用了“高分子吸水聚合物”的设计，所以最好提前准备购置。如果没有，可以用含吸水聚合物的纸尿布或宠物用的马桶垫圈、瓦楞纸板等物品来制作简易的自用厕所或便盆（见本页3图）。

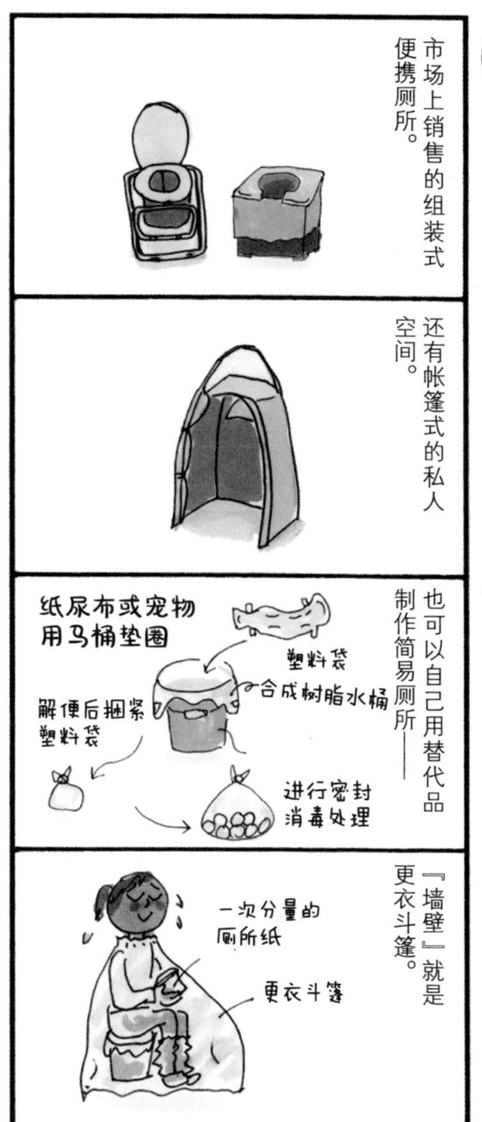

紧急时用报纸和塑料袋制作简易厕所

用两个塑料袋重叠后套在桶上——

将揉皱的报纸放入便袋底。

大小便后洒上专用消毒喷雾剂或凝固剂。

有必要随时更换塑料袋。

最简单的自制厕所和处理粪便的方法

除了前面介绍的制作简易厕所的方法，这里再介绍非常时期处理粪便的办法：如果手头没有高分子吸水聚合物，可以用旧报纸代替。将报纸揉软后放入便袋底层就行。如果住集体住宅，停水时不能使用冲水厕所，即使自来水来后也要确认冲水时是否会泄漏到下面楼层。

当然不能在公园里随地大小便，也不能将粪便埋在公共场所地下，更不能扔进河里，这就需要自己和家人自力更生制作简便可处理粪便的厕所。简易厕所中蓄积的粪尿，要扔到由自治体指定的粪便专用处理垃圾箱里。

围屏如果装在车上也非常方便！

在自家院内挖掘厕所及防臭对策

用三合板或瓦楞纸板制作盖子。

在瓦楞纸板制作的盖子上面包一层塑料袋防止臭气泄漏

野外应急厕所的防臭对策

在野外挖掘厕所后，为了避免臭味飘散，需要想法在底层铺上一层树叶、小石子或者铺上一层土。排泄物经过一段时间后会分解。生理用品等物因为含有高分子吸水聚合物，所以无法分解，这就需要另外想办法解决。此外，为了避免不小心再次挖到排便处，应该做上标记。当然，这仅限于自家的院内。

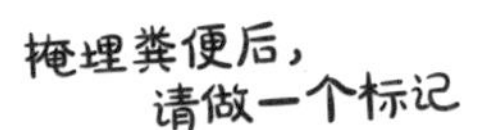

低体温症的紧急应对方法

给患者做长时间的人工呼吸应该有效

人体温度如果低于35℃，就会导致低体温症发生。其症状按逐渐加重的顺序为：控制不住的颤抖—手脚不听使唤—神志不清，言语含糊—剧烈颤抖—停止颤抖（此时患者自身不再产生热量，进入非常危险的状态）— 皮肤发白，变青—瞳孔放大—心跳和呼吸剧减— 肌肉发硬。

人体温32℃时进入“冬眠”状态；人体温30℃时进入新陈代谢几乎停止的“冰人”状态，看似已经死亡，其实还活着。应紧急将患者送至避风所。降低其热量散失——必须脱掉患者潮湿的内衣，确保病人身体干燥，加衣服保暖。给其喝温热的有营养的饮料。做长时间持续的人工呼吸。在睡袋中与一个健康人直接相拥，进行肌肤接触，这种方法对恢复体温正常非常有效。

骨折的应急处理措施

骨折时勉强复原 可能会损伤神经和血管

摔倒或被撞击受伤后，如果患部肿胀，触摸时疼痛加剧，出现局部变形或变色的情况，就可能是骨折了。怀疑是骨折时，请按照骨折应急处理措施进行救治。注意不要随意搬动伤者和伤者的患肢，也不要轻信勉强进行骨折复原。最重要的是给骨折部位支上夹板、缠上绷带，很好地固定起来，尽快到医院进行治疗。

大腿骨骨折的应急处理措施——

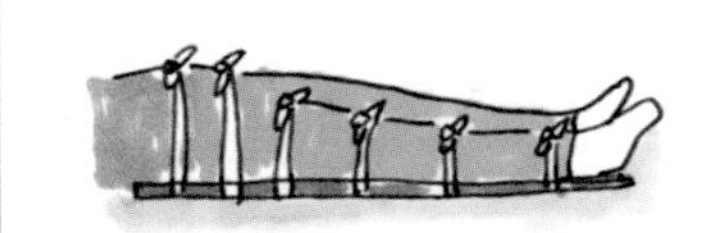

手腕骨折的应急处理措施——

手指骨折时的应急处理措施——

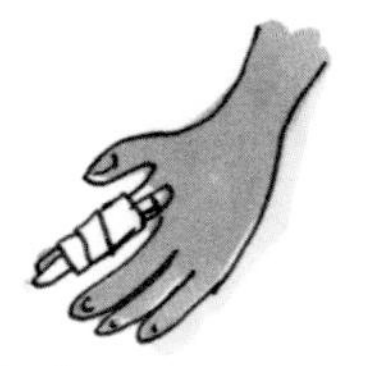

找一下周围可以作为夹板的物品。

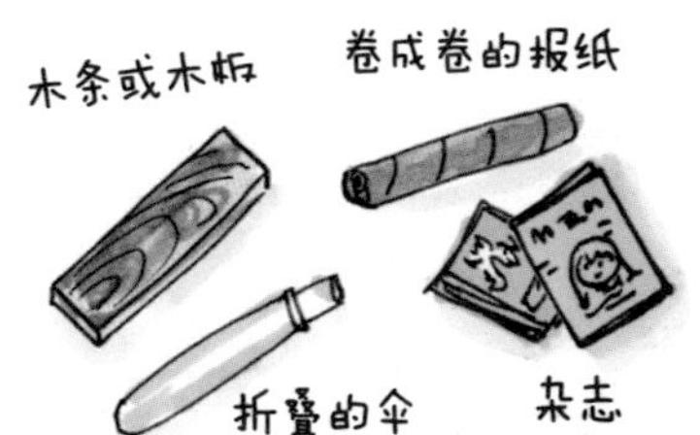

三角巾包扎的使用方法①

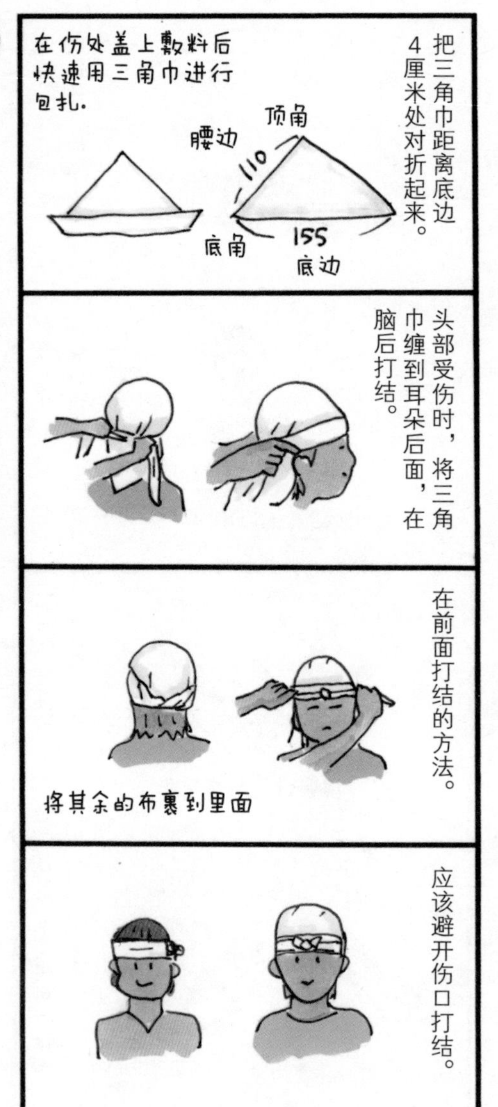

三角巾的大小和伤口的大小无关

包扎用三角巾是为了止血、保护受伤的部位防止感染、缓解伤痛而使用的（通常卷起来方便使用）。三角巾的大小和伤口的大小无关，它可以用于身体的任何一个部位，在应急处理时也是有效且方便的材料。包扎用三角巾是等腰直角三角形，用一块正方形的干净棉布对折裁成两块就可以使用了。有出血时，用干净的纱布盖住伤口再缠上三角巾，要注意三角巾不要接触到地面。缠绕时用力太大、包扎太紧都会引起血液循环障碍，所以要一边询问伤者一边进行处理。

用一大块正方形的布对折也可以替代三角巾

三角巾包扎的使用方法②

折叠三角巾的方法

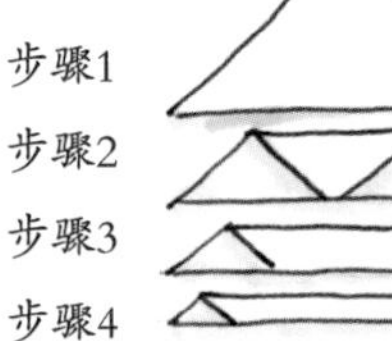

吊起手腕——

三角巾可以代替固定扭伤脚的缠胶布。

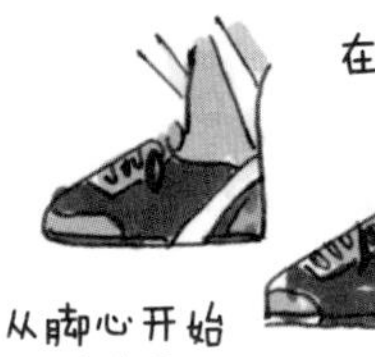

还可以代替绷带使用。

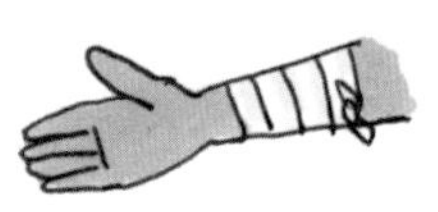

将其余部分拧成带状

三角巾的另一种折叠方法

怎样转移无意识的伤者

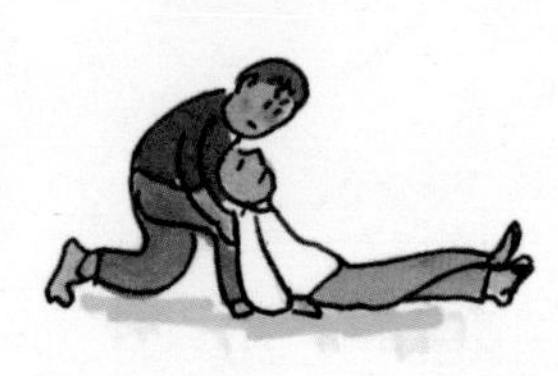

转移无意识的伤者，要先将伤者的两只脚叠在一起，然后轻轻抬起其上半身。

在没有担架的情况下，可将自己的双手从伤者的腋窝处插进去，捉住伤者的一只手腕并轻放其腰部。抱住伤者，使其臀部离地并缓慢移动。

将伤者背起来，捉住其手腕并抓牢固定。

如果是昏迷的伤者，为了不使伤者呼吸道堵塞，要将其身子放平。这被称为『恢复体位』。

转移伤者要根据具体情况选择正确的方法

首先要将无意识的人员迅速转移到安全地带。转动或转移伤者随时都有可能发生危险，应该视当时当地的具体情况和环境而定。如伤者无意识，伤者负伤部位与伤情轻重，有无相关人员配合，有无救护材料，有无救护车等再选择正确的方法进行转移救治。

这种方法仅限于体重较轻的女子伤者

怎样转移有意识的伤者

紧急情况下优先对重伤者进行安全转移

灾难来临时，必须立即将伤者转移到安全地带。转移伤者是一项非常辛苦的工作，非专业人士由于转移经验不足会引起很多危险。紧急情况下，应优先对重伤者进行安全转移。转移成人重伤者，至少需要两个人以上进行小心操作。转移轻伤者，则可以让其坐在椅子上，由两个人进行小心搬移，难以搬移时，可以向周围的人求助。

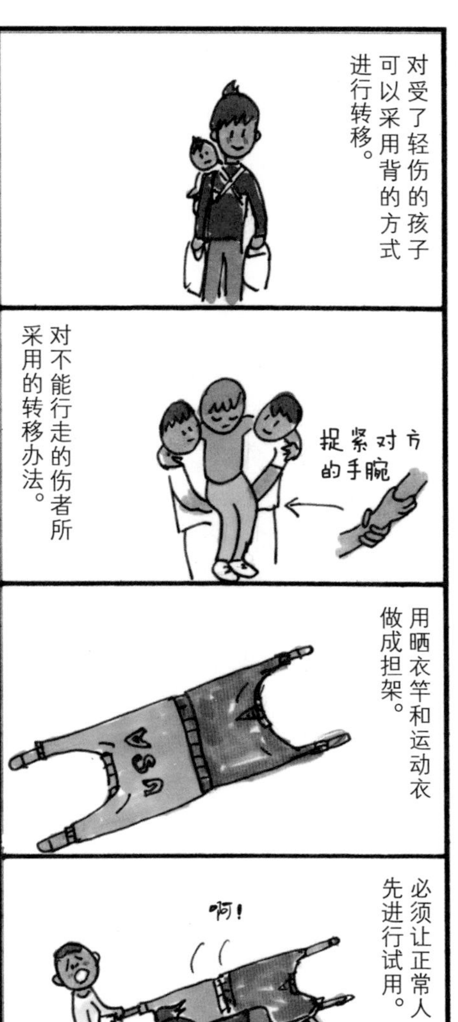

非常时期更要重视口腔卫生

避难所没有水也没有牙刷。

由于口腔卫生恶化和精神压力，病菌也非常容易进入呼吸道。

找到牙刷后，马上刷牙齿和按摩牙龈。

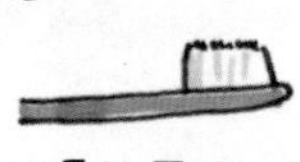

头部和口腔都舒服了。

避难生活中的口腔清洁对策

在避难所，老年人经常感染肺炎等其他疾病，主要是因为口腔不卫生所引起。要知道，口腔内的细菌可以诱发肺炎、心脏病、糖尿病等多种疾病。因此，在避难生活中，要养成早晚刷牙、进食后漱口、清洗假牙的好习惯。平常还可用牙签、牙线等清除牙齿缝隙间的食物碎屑。可以像按摩一样温柔地用牙刷摩擦牙龈，还可以用干净纸巾裹在手指上对牙龈进行轻柔的按摩。以上方法都可以增加对牙龈局部的刺激，增加口腔对细菌的防护能力。

无法刷牙时怎样清洁口腔

将一瓶盖水含在口中——

让水流过牙齿和牙龈，流遍舌头，流遍整个口腔……

将漱口水吐到用过的餐巾纸上或者揉成团的报纸上，再扔进垃圾箱。

早上起床后刷牙；晚上睡觉前刷牙；三餐进食后漱口。

进食后请及时清洁口腔。

只需一瓶盖水就可以进行简单的口腔清洁

在没有牙刷和饮水极少的情况下，吃饭时应该细细咀嚼食物，使口腔出现唾液。饭后可以用舌头来回“清扫”牙齿和牙龈。一般在吃过饭后，喝几口白开水或茶水就可以起到清洁口腔的作用。在缺水的非常时期，只需一瓶盖的水同样也可以简单地进行口腔清洁。也可以用154页的方法来清洁口腔。

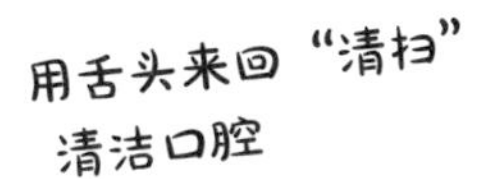

刺激唾液分泌按摩方法

为了刺激唾液腺分泌较多的唾液——

舌下腺

耳下腺

颚下腺

饭前3分钟进行按摩。

也可以试试舌头体操。

消除口腔干燥症的按摩

唾液具有防止细菌和病毒的作用。弱碱性的唾液通过中和口腔内的酸来防止口腔过度酸化并预防蛀牙。对存在大唾液腺的部位进行按摩，可以促进唾液的分泌。吃饭的前3分钟，用不会感到痛的力量进行按摩吧，应该能够感觉到唾液流出来。如果水分摄入不足，唾液的分泌也会减少，所以需要摄入充足的水分哦。

只要脑中想着
柠檬、梅干等食物
就很有效

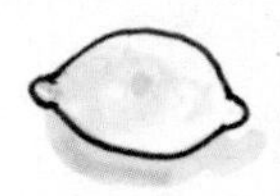

睡觉时请摘下假牙

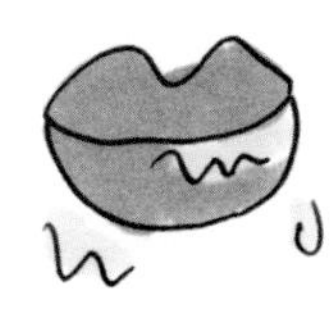

虽然健康的唾液哗啦哗啦地流出来，但口腔里有食物残渣，也会黏糊糊的。

建议除了吃饭外，其余时间都应摘下假牙。

肉红色

牙龈呈肉红色是牙齿健康的标志。

没有牙刷时，可以用餐巾纸、纱布或者牙线去除牙垢。

戴假牙的人需要特别注意

在避难所里，因为在意旁人的眼光，所以很多人不愿摘下假牙……然而，如果戴着假牙睡觉，假牙就会变成细菌滋生的场所。在不能充分用水的避难生活中，可以将洁净的餐巾纸缠到手指上擦除牙垢。此外，饭后就应当将假牙放在清水中保养。如果假牙过于干燥，戴上就会出现变形，这也是造成牙龈疼的原因之一。

8020 运动——
80 岁时还有
20 颗牙齿！

9

节约水的洗澡方法

将开水分成两份——

有肥皂的热水

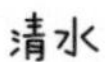

使用两块毛巾——

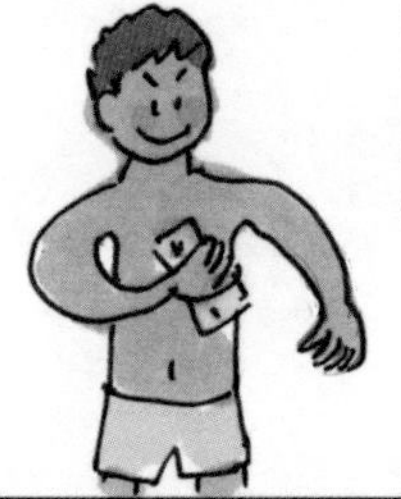

先用有肥皂的热水洗上身，再用浸水的热毛巾擦拭。

最后用清水清洗干净，用毛巾擦干。

女性简易洗净器——

女性用肥皂水先洗净阴部后，再用清水冲洗干净。

用一盆开水就可以清洗身体

长时间不能洗澡非常难受。在冷水和热水都非常宝贵的非常时期，用浸过热水的毛巾擦拭身子可以使人清爽干净。用图钉在蛋黄酱等容器的盖子上钻一个孔，可以替代女性用洗净器。另外，还可以用护理专用擦身巾、专用洗发巾、免水洗发香波等用品来做个人清洁。

市场上有售各种不需要用水的个人清洁用品

不用水的洗头方法

不快乐的源头在于头皮污垢

由于皮脂的分泌，隔数日后头皮就会又臭又痒，还出现许多头屑。通过除去头发表面的污垢，不仅头发清洁了，心情也变好了。如果没有准备劳动手套和酒精，用湿毛巾（蒸毛巾）着重擦拭头发表面就可以了。市场上也有销售不用水的洗发水，建议储备起来以备停水时使用。

怀疑食物中毒的应对方法

如果冰箱停电，食用了冰箱里的食物可能会发生食物中毒。

拉肚子和呕吐是将进入身体的病毒排出体外的证据。

在洗面盆内套上塑料袋、铺上报纸

为了远离脱水症状，可以饮用运动饮料和手工制离子饮料。

补充盐分和水分。

用方便呕吐的体位进行休息。

如果症状加重应该马上去医院！

注意脱水症状，勿使呕吐物卡住喉咙

为了预防脱水症，需要通过水、茶、运动饮料等来补充水分。如果呕吐物卡在支气管处，可能引起呼吸困难和肺炎，所以一定要横躺，万不可根据自己的判断喝止泻等药物。食物中毒严重时甚至可能发生不测。在稍稍感到病情有所加重时，应及时送病人去医院急救。

不要随意服用
止泻药和解热镇痛剂

怎样及时应对中暑

夏日要及时补充水分预防中暑

在炎热的夏日，人感到口渴时就是水分不足的证据。正在发育的儿童和老年人最容易中暑，这一点需要注意。当有人出现中暑症状时，应该将其迅速移动到阴凉处，解开衣服平躺休息。缓慢补充一次性不超过300毫升的水分，避开重要脏器进行物理降温。如果出现热痉挛或身体某些部位发冷的现象，则应该对痉挛和发冷的部位进行按摩。如果出现人的反应迟钝或没有意识的情况，则应该马上呼叫救护车紧急救治。

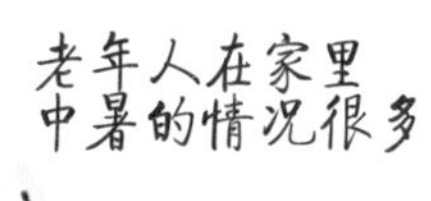

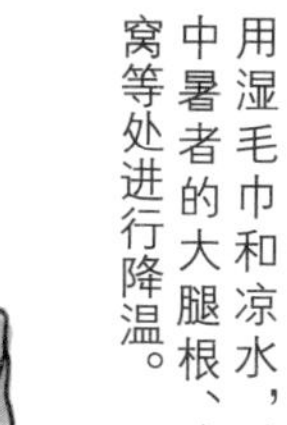

9

出现地震后遗症的对策

通过活动身体消除地震后遗症

由于反复发生地震，可能会出现晕船样的症状，如头晕、恶心、手脚冰凉、冒冷汗等，称之为”地震后遗症”。为了消除这些症状，除了补充睡眠和水分，温暖手脚，进行下蹲等较轻的活动外，建议经常活动身体。除此，还可以吃点防晕药。如果症状一直持续，也有可能是其他的病症，应该及时去医院检查。

当感觉有地震后遗症症状出现时，自己可以按摩第二根脚趾

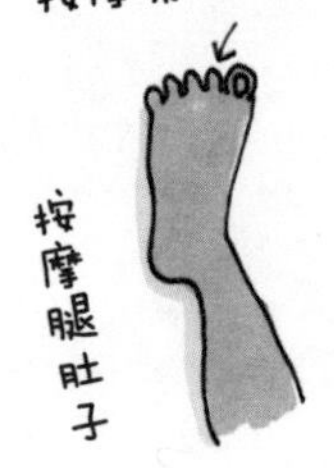

液化可能导致平衡感错乱

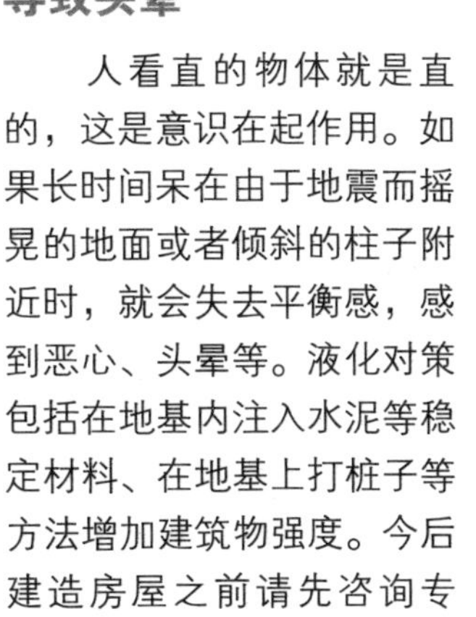

小心平衡感错乱而导致头晕

人看直的物体就是直的，这是意识在起作用。如果长时间呆在由于地震而摇晃的地面或者倾斜的柱子附近时，就会失去平衡感，感到恶心、头晕等。液化对策包括在地基内注入水泥等稳定材料、在地基上打桩子等方法增加建筑物强度。今后建造房屋之前请先咨询专家。

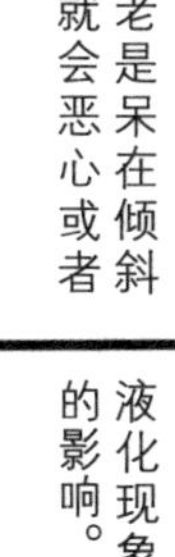

救助溺水者的应急方法

电视中所见到的那种漂亮的溺水情形；在现实中几乎不存在。

真正的溺水者是静静地沉下去的。

拨打110电话!!

救命啊!

如果看到溺水者，要一边呼救一边抛下悬浮物。

应该在确保自身安全的情况下进行施救。

救助者入水救人时要注意自身安全

听说附近的一个妇女曾经用空塑料瓶救助了一个小学生。她向水中投下了5~6个瓶子，但是距离小学生太远，所幸最后一个番茄汁塑料瓶漂到了小学生的手边，小学生赶紧捉住瓶子，脸和膝盖相继露出水面，终于平安获救。另外，也发生过警察想要救助溺水者，于是跳入水中，虽然溺水者被救起，自己却因此溺水而亡的事故。无论如何，必须跳入水中救助时，应该脱下外套，避免受重物之累。

为了救人必须立即行动

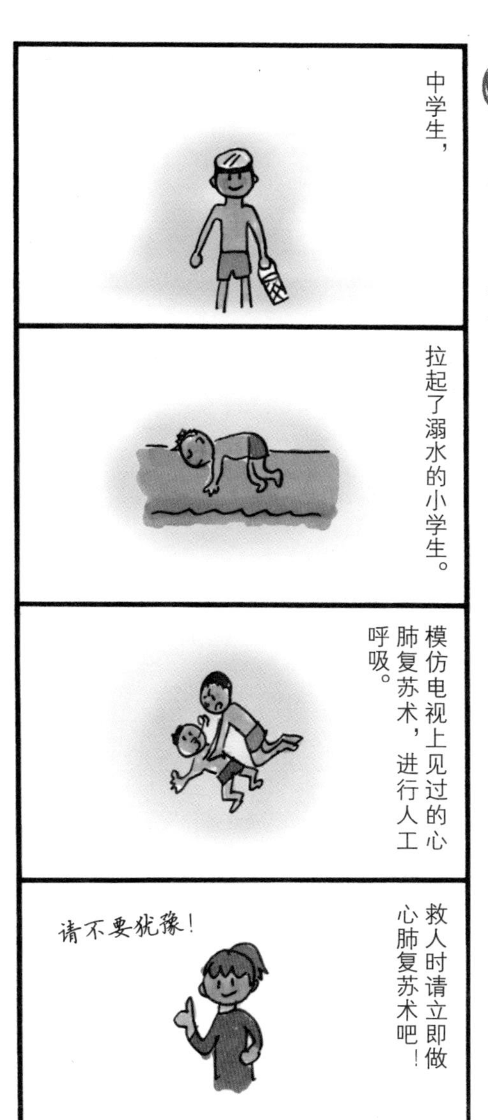

为了救人，需要勇气和判断力

在日本，救护车到达现场的平均时间为5~6分钟。脑部对于人的生死至关重要，如果没有氧气，人只能活3~4分钟。不要只是等待救护车到达才去急救，在等待救护车的同时一定要立即对溺水者施行心肺复苏术，而这只能是在现场的人才能实施。比起“我是否可以做……”来说，更需要的是“不要犹豫，赶紧救人！”。需要知道的是：如果不做心肺复苏术，伤者就会马上死掉。情急之下，只有你自己进行判断。另外，也可以去听消防署定期举办的急救讲座哦。

非常时期的心理护理

受灾后3周是人类精神急剧恶化的高危期

大灾之后的精神紧张出现在3周左右。

由于余震和精神压力导致失眠、头晕、抑郁发生。

儿童的特异反应性恶化，会出现遗尿和荨麻疹。

经济舱症候群——心肌梗死患者也要多加注意。

3周以后
不要再勉强自己

在很多避难所，因为不可以沐浴，所以一直持续着不卫生的生活状态，病症也因此蔓延。据说人类精神紧张的极限是灾后3周，在这时候可能出现身体和精神急剧恶化的情况。避难所的志愿者要帮助他们度过精神紧张的高危期，过了3周以后，要让他们有意识地进行休息。

心理无法承受残酷的现实

在东日本大地震海啸中受灾的港口捕鱼长这样说道:“我在想这是不是做梦呢? 一定是一场梦,然后看到一片废墟后才知道这不是梦,而是现实。”每一个人都会这样想,然而,却实实在在地发生了如此残酷的现实。志愿者中当然也有心理辅导师,当你感到自己或周围的人的言行比较奇怪时,请尽早咨询心理辅导师。

在战争中看到过
烧荒原野的
老奶奶非常坚强!

10 非常时期的心理护理

不愿相信地震发生的心病

心灵震灾 当全家只有一个人幸存时①

一整天都没有吃任何东西。

即使勉强吃下去了也会吐出来……

我在地震中侥幸生还，但全家人都死了……

虽然我认识的好多人，都没有显示在死者名单中，

然而，还有很多未受灾人的心灵也同样遭到了震灾。

侥幸生还者的悲痛和心灵创伤

在灾害中侥幸生还的人白天去各种避难所寻找家人，在废墟中寻找家人，在遗体安置点寻找家人……晚上回到自己所住的避难所——体育馆。躺在冰冷的地板上……然而这时连哭出心中悲痛的地方都没有。

忏悔和责难的心理重负始终如梦魇一样让他们难以摆脱。遭受了心灵震灾的人还有很多很多。

心灵震灾 当全家只有一个人幸存时②

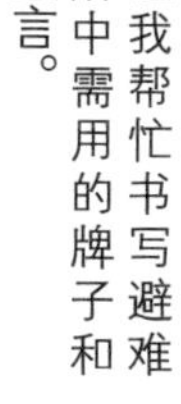

人的心灵创伤还要通过人来治愈

人在被需要时会感到非常高兴。只要有希望，即使现实再艰苦也可以活下去。好像心中恢复平静的某位女性受灾者只能呆在避难所；好像志愿者中也有倾听受灾人员倾诉的人。为了从心灵震灾中平复过来，第一步应该从小事情做起，恢复灾后的日常生活。

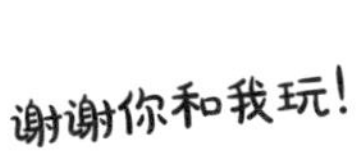

通过轻敲按摩让心情平静吧

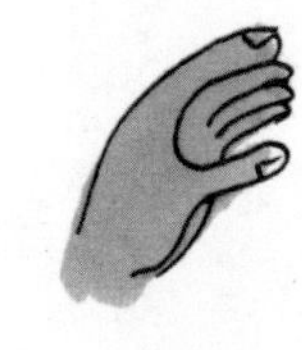

两只手交替着『砰砰』地随意敲打背部、头部。

“砰砰！”

“砰砰！”

不要着急，通过轻敲按摩进行放松

运用手指腹就像轻弹一样左右交替轻轻地对头部、背部进行按摩。按摩15分钟后，心灵稳定剂的“血清素”增加，可以感到体温上升，紧张感会很快消失。通过1秒钟一次的舒服节奏进行放松吧，用轻柔和稍感不足的力道进行按摩吧，心情很快也就平静了。

一个人也可以做的轻敲按摩

坐在椅子上随时都可以做的放松按摩

通过1秒钟一次的舒服节奏来放松一下吧。也许轻柔和舒缓的拍子反而会令人更加烦躁，这种烦躁就是心灵疲乏的证据。由于失眠、灾害而受到打击或精神抑郁时，让异常紧张的身心放松一下，自己试着做一下轻敲按摩吧。

按摩的手指尖不要用力，轻轻触摸敲击

需要两个人进行的轻敲按摩

将手对准对方的背部，敲打出声音。

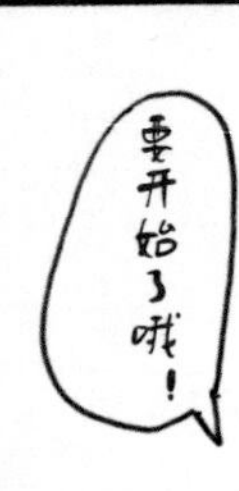

从肩胛骨周围到整个背部——从颈部到头部进行轻敲。

“砰砰！”

轻敲对方想要按摩的部位。

被按摩的人心情舒畅了，脑部也会活跃起来，情绪平静下来了。

利用摇篮曲的节奏轻敲按摩

修复震后难以抚平的心绪，实行两人一组的轻敲按摩是非常有效的。享受一下舒服的敲打和谈话吧，身体的紧张感消失了，最重要的是因为感觉受到别人的照顾而学会了积极的思考。

按摩将结束时，按摩的人要用自己的手掌轻轻按着被按摩者的背部，让她进行深呼吸

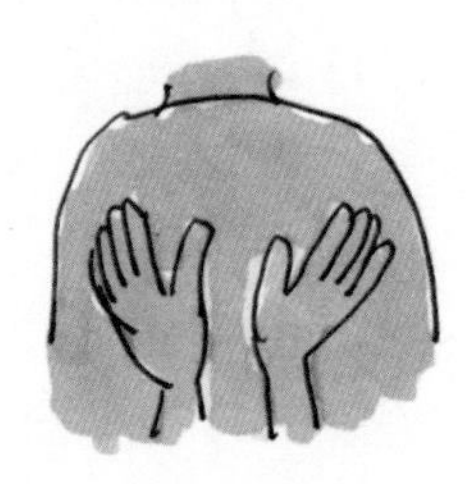

通过放松身体来舒缓紧张的情绪吧

在睡不着的晚上进行简单的身体活动

放松身体具有舒缓紧张情绪的作用。在被褥上做些简单的身体活动，通过顺畅的深呼吸，从身体内部进行放松是最重要的。深深地呼一口气进行放松，会发现肌肉非常舒展。进行拉韧带、拉筋骨等伸展运动时，对肌肉和关节的负担增大，这点一定要注意哦。反之，屏气会造成肌肉紧张，无法很好地伸展。在做放松运动时，身体千万不要紧张。

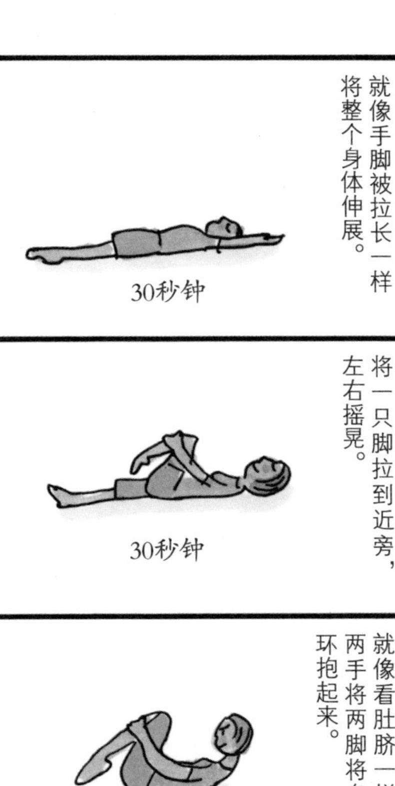

下定决心后，就开始做放松运动吧！

释放悲痛就尽情地哭出来吧

对想“哭泣”的心情进行大扫除

日本阪神淡路大地震和东日本大地震告诉我们，“永远的平静生活”并非是永远不变的。同时也告诉我们，平日的烦恼是多么微不足道啊……在核电站发生事故的时候，我们完全不知道真实的情况到底是怎么样的。地震前和地震后街道的景色变了，同时我们的心境和意识也变了。不安、悲伤、复兴、对生活的期待和忧虑……复杂的心绪经常涌上心头。偶尔看看“能够让人哭泣的电影”，让想要“尽情哭泣”的心情来一次大扫除也不错。

养成面对未来努力微笑的习惯

早上起来呼吸新鲜的空气，沐浴温暖的阳光。

在镜子前对着自己微笑。

细细品尝着早饭，说一声『真好吃啊！』

晚上，微笑后早点睡觉哦！

对精神压力非常有效的“Happy”习惯

沐浴着太阳光活动身体，血清素就会增加。据说血清素是一种神经传达物质，如果血清素不足，容易得抑郁症等精神方面的疾病。微笑一下，即使是假装微笑，脑部也会活跃起来。说一声“真好吃啊！”，由于声音的刺激，幸福感也增强了。此外，在浴室里舒服地洗澡时，副交感神经发挥作用，心情和身体都能放松下来。不要过于迷恋电视和电脑以至于熬夜，应该早点睡觉，让大脑充分休息。

打开笑门福自来！

小心情绪传染哦

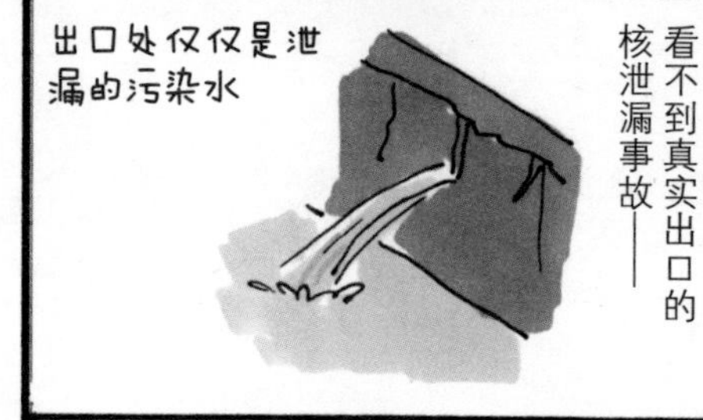

什么都做不了的自己充满了罪恶感、无力感、不安感。

找不到事情做……

没有遭遇海啸的人们却在经历心中的海啸

东日本大地震发生后，即使没有直接受灾的人们也充满了罪恶感、无力感。很多人出现了失眠、不安、情绪不稳定的症状。可以说，正是由于对受灾者悲伤和痛苦的感同身受，所以才会出现这样的情况。思考一下现在的自己应该做些什么吧！节约用电、提供援助物资、捐款等等。如果可以，去附近做一个分类作业的志愿者也不错。如果精神上过于痛苦，可以暂时关闭电视，到大自然中散散步吧。

很多物品从商店里消失了……

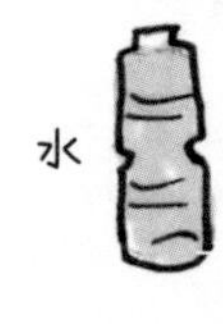

放射能対策

放射能的基本知识

我们也会从天然的放射性物质和X射线中受到放射线。

大地中

宇宙中

放射性碘

放射性铯

蔬菜上面也许还附着核分裂反应所生成的放射性物质，用沸水焯过也许要安心些。

放射性物质的性质多种多样

“放射能”是指放射性物质释放出放射线的能力。一般将放射性物质本身称为“放射能”。放射性物质原本存在于自然界中。放射性物质因种类和性质不同，毒性和特征也各不相同，半衰期也有很大的差异，短则以日为单位，长则达几亿年或半永久的年数。顺便说一下，钚是人类创造出来的人工元素，半衰期为24 000年。核电站事故中释放出来的放射性物质释放到自然环境中，由于风和水的作用，可以对农作物、土壤、大海和家畜等造成污染危害。风吹起的轻量物质瞬间就可环绕地球一圈。如果这些物质被摄入人体内，会持续释放出放射线，成为危害健康的源头。

泡天然氡温泉

放射能无法被看到的恐怖之处

人类对看不见难以理解的放射性物质感到恐惧

如果核电站发生核爆炸事故，放射性物质会变成微粒子释放到空气中，随风扩散。落下来的放射性物质将附着在衣服和皮肤上，释放出放射线。如果人体吸收到放射性物质的微粒子，或者微粒子通过水或食物进入人体内，这些放射性物质就会从体内持续释放出放射线。我们将其称为“内部照射”。

人类害怕这种看不见、摸不着、闻不到、难以理解的放射性物质。

保护自己免受放射能之害 室外

放射能对策和花粉对策相似。尽量穿可以遮住皮肤的衣服。

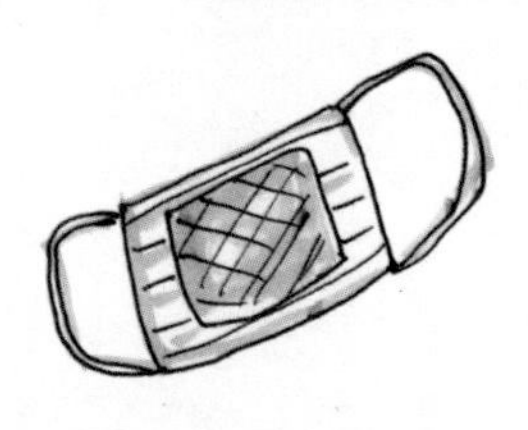
在口罩内侧放入湿润的纱布。

回家后马上漱口、洗脸、洗手，上衣请勿放在房间内。

尤其是下雨天，注意不要淋雨。

外出时穿雨衣避免放射能

放射能具有看不到、无味、无痛感的特点……不知道其强弱、影响，也难以听到说明……即使电视上说“不要紧”，但放射能还是非常恐怖的。出于担心和小心，外出时用雨衣或一次性雨披进行“武装”吧。此外，如果比较担心受到污染，回家后可以通过淋浴除去污染。最重要的是：确认信息后不要慌张，应当用所学到的防护知识冷静应对。

通过淋浴除去放射能污染

保护自己免受放射能之害 室内

室内避难报警器发出警报后请勿外出

由于福岛县核电站的放射能泄漏，室内避难报警器发出警报成为了现实。放射线物质和远近无关，它可以随风飞散。为了防止室外空气进入室内，可用塑料袋等遮住窗户和门缝隙，将室外的食品搬到室内。洗涤的衣服也要在室内晾干，将在室外饲养的宠物洗干净后放在室内饲养。如果还有担心，就在家里离室外最远、没有窗户的房间里生活吧。自己可以采取的对策只能自己去实施。

和宠物一起生活

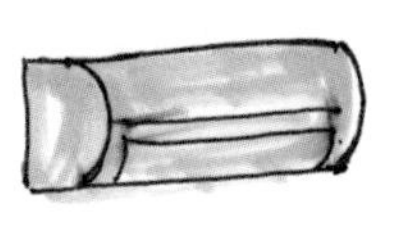

11 放射能对策

除去食品中放射性物质的方法

蔬菜、水果用水冲洗后再削皮。

放入开水中焯一下。

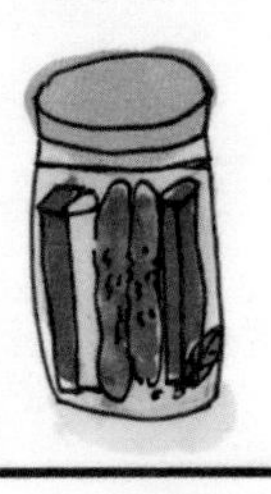

用醋腌制——

防止放射物质侵入身体内部的措施中，苹果果胶是最有效的。

苹果

苹果酱

摘自“切尔诺贝利·放射能和营养”实业公报社。

放射性铯溶于水和醋

虽说市场上的蔬菜和肉的安全性令人担忧，但也不能一直吃加工食品。担心放射性物质的人，可以选择将蔬菜等用冷水冲洗后削皮，再放入开水焯的方法；也可用盐腌制或用醋来腌制，使食品中的水分流出来的烹调方法。鱼需要完全去除内脏，仔细清洗干净。米需要磨成精米。我们平时所做的烹饪准备工作都要仔细进行哦。

果胶将人体内的放射性物质捕缚并排出

不要相信可疑的信息

就像是真的一样的谣言

现在互联网和手机非常发达，没有根据的信息和谣言以惊人的速度从连环邮件、推特网传出来。另一方面受灾的人无法得到真实的信息，这是现实……这时最重要的是不要慌张，用自己的头脑去冷静地思考。连环邮件中的文件名多写着“来源于厚生劳动省”（日本负责医疗卫生和社会保障的主要部门），因此出于善意转发邮件的人很多，我们一定要多加注意。应该先确认所接收邮件的内容是否正确，仔细分析，不要急着转发。

漱口药、嗓子喷雾、消毒用肥皂等被有人认为对防止放射能有效。

然而这些东西本来就不是饮品，如果食用反而对身体不好。

虽然有人认为海藻比较好，但其抗辐射效果并不明显。

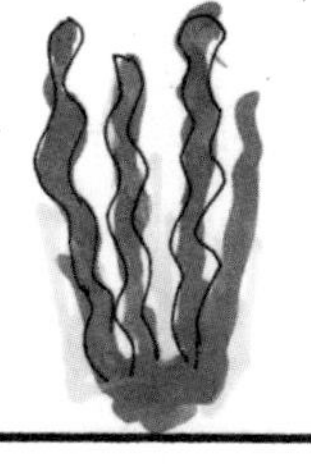

在邻居中国流传着『盐能抗辐射』这样的谣言，于是发生了囤盐风波。

用自己的头脑冷静思考，就会明白了。

11

要注意孩子的不安情绪哦

电视上不断播放悲惨的场面。

大人的不安情绪也会传达给孩子——

大人应该用孩子能够理解的谈话内容与其对话。

热了

肚子饿了

最后抱抱小孩使其安心。

不安的不仅仅是大人

地震、海啸、核事故、放射能……恐怖的事情太多了！面对这些，小孩子也会感到非常不安。还有的孩子会觉得："我是个坏孩子，所以必须忍受这一切。"因此应该让孩子多少了解一些现实情况，告诉大家都在加油对付灾难等积极的话。睡觉前不要让孩子看恐怖的新闻，应该为其读好听的连环画故事。

"临睡前妈妈给你讲一个好听的故事，好吗？"

避难生活中的智慧

12

准备好紧急联络卡

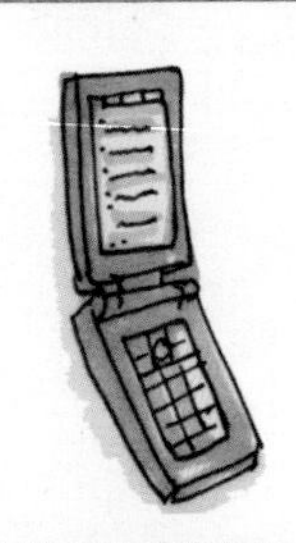

随着手机的普及，很多人把手机当做电话簿。

啤酒倒了！

然而，手机可能发生电池没电、丢失、故障等情况。

准备一个紧急用的联络卡吧。

在避难所需用时可以马上取出来。

将认为必要的信息写在纸上

提前准备好“紧急联络卡”。紧急联络卡上填写上自己的姓名、出生日期、电话号码、联系方式、保险卡号码、家庭成员、家人的手机号码、工作单位、学校、亲戚的联系方式等，并将执照的复印件、病人经常去的医院和处方笺的复印件同紧急联络卡放在一起。尤其是有照片的身份证非常有用哦。准备好领取支援金和行李所需的印章会非常方便。

是否收容宠物视避难所而定

避难所遵循“人类优先”的原则

无论多么温顺的宠物，原则上都是不能带入避难所的。不过，在过去发生大灾害的避难所中也发生过收容宠物的情况。避难是刻不容缓的。首先带着爱犬一起去避难所也是选择之一。当然也有人讨厌动物，所以别忘了照顾周围人的情绪。为了预防万一，将项圈、执照、姓名住址牌等关于宠物的身份信息放在宠物身上。在有的自治体，兽医协会或保护团体可能会提供援助。请事前调查清楚哦。

预防「经济舱症候群」

避难生活引起血栓的概率是普通生活的10倍以上。

可以通过放松身体进行预防

“经济舱症候群“是由于长时间保持同一姿势，血液流动不畅，腿部形成带状的血块，称为静脉血栓。如果静脉血栓到达并堵塞肺动脉则会导致死亡。所以应该摄取充足的水分，不要忍着不去厕所，要有意识地进行放松活动，只需要时而弯弯脚脖子时而伸伸脚脖子就“OK”了。也可以使用医疗用压力袜哦，它可以捆紧腿肚子，使血管的血液流通顺畅，从而起到防止静脉血栓的作用。

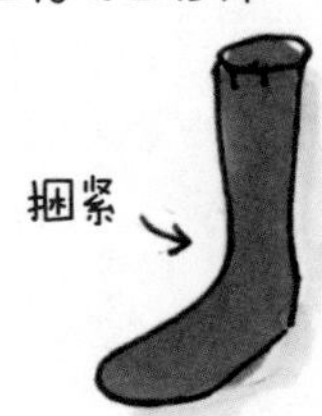

为了高质量的睡眠尽自己的最大努力

避难所中没有私人空间

小学校、公民馆、公园、自家的院内……虽然避难生活的场所各有不同，但说起其共同点——就是没有私人空间。正因为遭受了这么大的精神创伤，所以努力创造出良好的睡眠条件是非常重要的。如果有眼罩和耳塞，就可以戴上，创造出深度睡眠。将这些东西提前放入防灾应急包里吧！

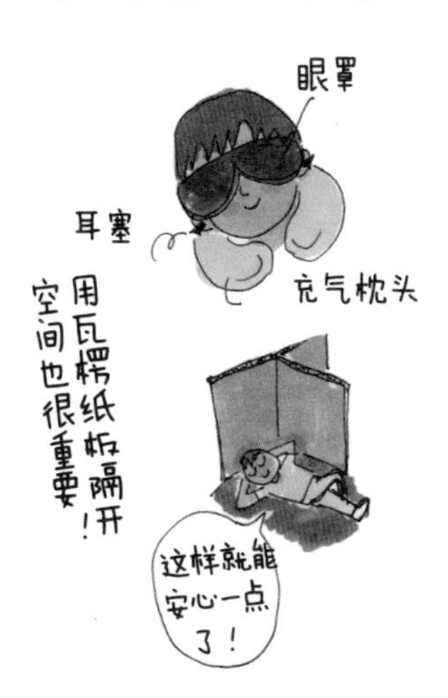

用瓦楞纸板制作屏风确保个人隐私

将平板插进『地基』后就完成了。

创造让人心情平静的私人空间

24小时没有个人隐私的空间是造成精神紧张的元凶。只要坐下来时与旁人的视线不相对，就能够拥有让心情平静的空间。瓦楞纸板是非常容易得到和加工的材料，可以通过各种创意制作用品并灵活地运用到各个方面。不过，为了避免发生纠纷，竖立屏风时，应该告诉相邻的人。

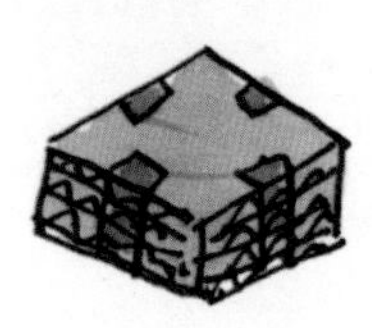

在避难所每个人都担当一个角色

工作和责任是生存的意义所在

每人不足一个榻榻米的空间；每人一条毛巾被，很多人挤在一起睡。水、食物和燃料都不够，失去了亲人、失去了财产，也缺少信息……避难所还面临着各种各样的严酷现实。在这样拥有众多烦恼的人群中，想要不出问题都是不大可能的。人如果有工作，无论如何都会努力行动。动起来就会忘掉烦恼，哪怕活动身体也是可以的。只要向日常生活迈进一小步，就能从悲伤和叹息中走出一大步。

推举具有领导权威的人为避难所领导者

在很多避难所，
町会长发挥了
重要作用。

非常时期领导者的存在非常重要

在避难所，首要的事情就是推举出领导者。因为如果没有领导者，场面就会非常混乱。领导者可以由避难所的居民选举，但更多的是由当地的町会长、提供避难所的校长、住持等担此重任。过去发生灾害时，在没有领导者的避难所还发生过身体强壮的人占据最好的位置，将老年人和体弱者赶到寒冷不便处的事件。不过每个人要以行动来支持领导者，不要给领导者造成过重的负担。

向救灾的英雄们表达敬意和感谢

为了减轻救援者的负担，受灾的人也要行动起来

大地震发生后，受灾地和避难所到处都是为救助活动而奔走的人们。他们中间的很多人无法回家，无法拥有充足的睡眠，他们丢下自己的家人，靠着使命感顽强拼搏。我们不要忘了这些人也有需要被保护的家人。大灾难降临时，与受灾的人数相比，参加救援的人显得非常少。为了减轻救灾者的负担，受灾的人也要行动起来，自己能够做到的事情尽量自己来做，事先做好这样的心理准备是非常重要的。

避难时要克服陌生人障碍

去朋友家玩耍，结果碰巧发生了灾害。

和朋友走散了，于是到公民馆去避难。

在这个地方自治团体里，我就是一个陌生人。

由于无法引起别人的注意，还发生过得不到食物的情况。

你关心别人，别人也会关心你

我们不知道何时何地会发生地震。我们原本打算去躲避几个小时，但实际上避难生活可能长达一周。听说某人在没有熟人的避难所找不到住处，一直无精打采。由于平时经常进行防灾训练，当地的居民烧饭赈济避难所的灾民，但这个人却不知道应该在什么样的时机下开口获取食物。灾害刚刚发生后，即使平时很温柔的人也无法对别人无微不至，如果这个时候你正好在场，那就积极地参加赈灾并融入其中吧！

在避难所里生活
可能比我们
想象的要长

避免错误使用小型发电机

在避难生活中要避免人为的次生灾害

如果错误使用小型发电机，可能会引起火灾或一氧化碳中毒。发电机的输出功率也有一定限制，并非万能，况且，发电机禁止放在室内；即使是在室外使用时，也应该放置在换气较好的平整地面上。要注意的是，发电机使用的燃料是汽油，给油时要非常小心。平时不会用的人往往是发电机事故的元凶。让我们熟读使用说明书再进行练习吧。

受灾的一家人把发电机放置在一楼，然后大家在二楼取暖。

结果全家人由于一氧化碳中毒被送往医院。

这是因为放置发电机的房间封闭而引起的。

用湿手碰触发电机还会导致触电。

家庭用丁烷气瓶非常受欢迎!

关注灾害FM（临时灾害广播电台）

临时灾害广播电台是受灾地最重要的信息来源。

通过灾害FM获知生活信息

FM，又称临时灾害广播电台，是在发生灾害后临时开设的地区性广播电台，许可期为两个月，不过这个时间可以视情况而更改。有的临时灾害广播电台在灾害发生后1小时就得到了批准。播送内容主要是平安信息、避难场所、援助物资、临时住宅、生命线恢复状况等与灾害、生活息息相关的话题。在最渴望信息的受灾地，这是最重要的信息来源。不过，筹措临时灾害广播电台的运营费也成了这些临时机构的烦恼。

12

避难生活中的智慧

利用口头相传的力量

由于地震，生命线断了——

关于学校的事情——

关于给水车的事情——

关于超市开门的事情，均是通过口头相传而得知的。

利用主妇网获得信息

东日本大地震刚刚发生后，超市里的厕所纸就卖光了。当带着幸运买到的厕所纸走出超市时，有好几个我不认识的老太太就询问我是在哪里买到的。也就是说，和生活息息相关的信息是通过口头相传而传播出去的。即使是在排队时，互不认识的人们都乐于交换听到的传言和信息。非常时期对信息尤其敏感，人们更是乐于传播各种信息。

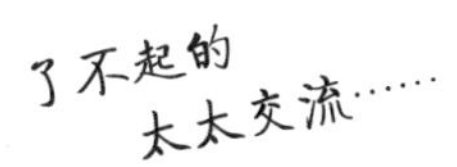

保持和家乡的联系

由于地震、海啸、核事故等灾害，很多住户的迁往地址不明。

如果受灾人随时与家乡保持联系，就不会发生这种状况。

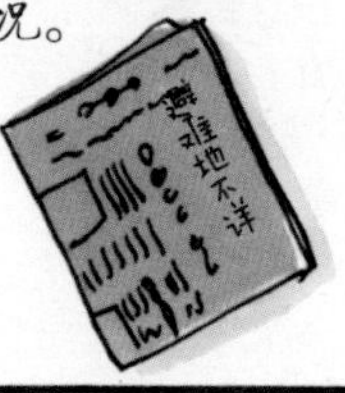

很多人急忙转移到县外的亲戚、熟人、朋友处……

捐款、临时住处的无偿援助金、国家抚恤金、国民健康保险、学校、行政服务经费等。

尽量试着自己联系、收集信息。

借助自己和别人的帮助去收集信息吧

受灾后侥幸逃生又离开故乡的人被视为“迁往地址”进行处理。之所以屡次更换避难所、更换临时住处，是因为这些避难者“没有稳定的落脚处”。由于政府机关也为灾情所累，比平时更多难以处理的事务使他们无暇他顾，这时就借助自己、家属和周围人的帮助去收集信息吧。

应对趁灾犯罪的对策

非常时期应比平时更要加强警戒

也有趁大型灾害发生后的混乱而作恶的坏人

遭受东日本大地震后，日本国民吃苦耐劳，有序地应对大灾难，受到了世界人民的赞赏，被称为没有发生争抢、暴动的国家……日本人真了不起啊。然而，也有一部分人不是这样的。有人乘乱毁坏便利店的自动付款机，有人闯入民居进行盗窃，有人进行汇款诈骗……别忘了，这样的事情也会发生哦。

小心狙击女性的罪犯

非常时期的晚上女性不要外出

日本阪神大地震发生时，都市流传着传说一样的故事。虽然我们难以相信有这样的事情，但是来自神户的朋友在地震发生时，救助过一名陷入车中的女性。就是这个朋友，在受灾地也发生了自家车辆被盗的事件。要知道，即使有1 000个善良的市民，然而一个坏人做的坏事就可以把好的治安秩序打乱！

小心地震诈骗

利用人类弱点和不安情绪的卑鄙手段

地震后，受灾地的行政非常混乱。因此，有的欺诈者会乘机来欺诈。现实中，曾发生过索要本来不需要的“维修诊断费”的事件。如果你告诉他说家人受灾了，欺诈者就会索要直升机费用，或者索要路面施工费用和放射能消除费等等，进行变相的欺诈。所以一定要警惕欺诈者利用受灾者的不安情绪和恐慌心理来实施卑鄙的诈骗勾当。事实上，不会因为募捐而出现上门的单独访问者或电话请求者，也不存在消除放射能的药物。

向受灾地提供援助的方法

援助物资要贴上物品标志

考虑到避难生活中无法洗手，在每一件包里放入一个塑料袋。

为了让拿到的人穿着合身，请在胶带上写明尺寸和物品名称。

可以将捐助的洗漱用具放在一起……

为了使堆积物品让人一眼明了，可以在瓦楞纸板的五个表面上贴上物品的标志。

发挥想象力，巧用心思对援助物资进行打包

很多种类的援助物资被陆续运到受灾地。发放援助物资一方需要耗费大量的劳力和时间来对这些物品进行分类。为了让领取人很容易地知道里面是什么物品，援助物资者需要费一番心思哦。请将援助物资按类别分为：衣服/内衣/退烧药/纸尿布/生活用品/洗脸用具/怀炉/生理用品/纸杯/保鲜膜/饮用水/食品/毛毯和毛巾毯……在不同的地方和时间，所需的援助物资可能有所不同，请向自治体等确认后再准备哦。

援助物资
基本上是新的

志愿者需要具备的基本心理素质和物质准备

确保自己的住宿场所。

在帐篷中睡觉

在朋友家睡觉

自备睡袋

在车上睡觉

还要准备好装备和食物。

装备

食物

参加志愿者活动保险

志愿者赴灾区服务要作好吃苦的准备

即使突然想去做志愿者，有时候也会出现很多难题。东日本大地震发生后，由于住宿、吃饭、停车场、交通情况还未恢复正常等原因，志愿者仅限于在当地服务，况且受灾地还限制普通车辆的进入。没有经验的人如果想去受灾地服务，一定不能造成受灾地的负担。市町村设有志愿者中心，先收集信息确认后再行动吧。而且受灾地的生活非常艰苦，最重要的是志愿者要学会自我管理，勿让自己疲惫不堪。

14

把自己的烦恼告诉志愿者吧

把假牙和眼镜放进急救包里

假牙和眼镜，尽管对个人来说是非常重要的东西，已经成为个人身体的一部分，但非常时期可能无法带出来。某位老奶奶受灾时就失去了经常用的假牙，后来到了避难所，由于害羞，她没有把这件事告诉任何人。老奶奶无法食用援助的干面包，身体越来越糟糕。在避难所格外受欢迎的志愿者得知了此事，马上为她制作了假牙、配了眼镜。老奶奶能吃食物，身体也逐渐好起来了。

对个人来说是非常重要的东西
——假牙和眼镜

默默地表达自己的技能吧

志愿者的标语背心

志愿者的工作有多种多样，但并非都是人尽其材。为了使需要帮助的人更方便地求助，可以将自己的名字添加到标语中。在志愿者背心的背部贴上“我可以……”的标语，如“手语/英语/中文/按摩/美容师/力气活儿/婴儿看护/电器修理 /木工/司机……”表达自己能够做的工作，得到工作后认真地完成吧。

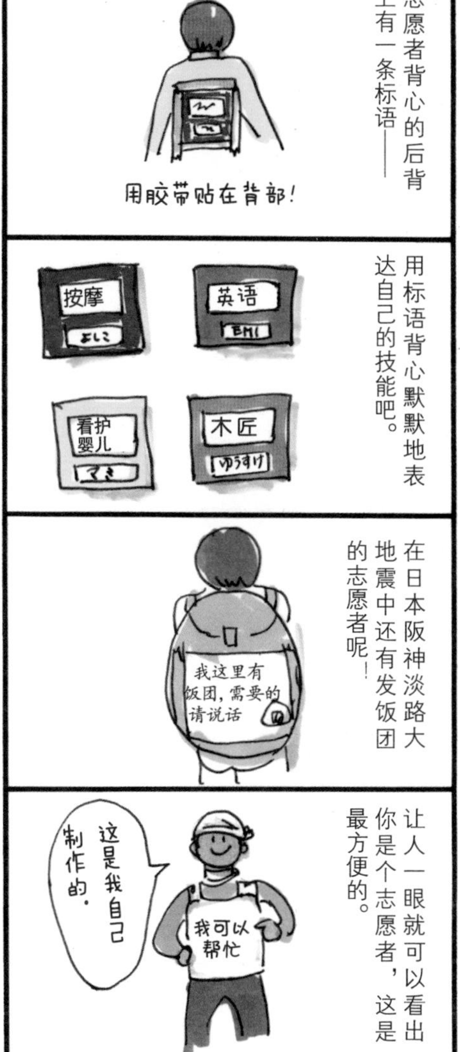

受人欢迎的援助物质是什么呢

手霜 唇膏

对于因手、唇部干燥而备受困扰的人们非常有帮助。

牙刷

即使没有水，还是想刷牙。

还是想获得信息——

报纸
杂志
收音机

因为无法洗涤，所以这些物品非常有用。

内衣裤
毛巾
湿纸巾
防水油布

消除因酒精消毒而产生的手掌干燥

在不能用水的避难生活中，人们经常使用含有酒精的湿纸巾，因此，手掌和肌肤非常干燥，在避难所生活的女性对此感到非常痛苦。但是援助物资中没有护肤品，所以手霜成了最受人欢迎的物品。在紫外线强的天里，防晒霜应该是最受人欢迎的吧！

用水将开塞露中的甘油稀释，则可用作保湿化妆水

恢复受灾时被弄脏的照片

把受灾时被污染的照片洗干净

在照相馆中打印出来的“银盐冲印”照片可以用水洗，但是用家庭喷墨打印机打印出来的照片则无法进行水洗。这是因为喷墨打印的底片胶卷是塑料树脂，所以比银盐冲印的照片更加结实，加上必须将其放入底片袋（半透明的保护袋）中，因而损伤较小。另外，喷墨打印的底片也可以保存在U盘或电脑里，备份照片可再次进行打印。U盘、移动硬盘也可用淡水清洗再进行干燥，有可能可以使用。

记录回忆的照片沾上了海水和泥。

一个相册一个相册地浸渍。

轻轻地揭下变皱的照片，用指拇腹擦去照片表面的污泥将其压平整。

阴干后再压平整，使其慢慢干燥。

尽其所能默默地帮助受灾的人们吧

家人、朋友或情侣，
关掉家里的电器，
一起去外面用餐吧！

利用受灾地的食材
所做的食品——

也有默默支援的
方法——

真好吃！

在不勉强的范围内想
想看吧。

如果有工作则可以恢复正常生活

东日本大地震发生仅一个月后，受灾地盐釜渔港的金枪鱼就已经开始卸货了。金枪鱼达到了将近平时两倍的价格。那一天，久违的有活力的声音充斥着维修好的市场。从事渔业的人们由于在震灾中遭受了损失，希望通过渔业早日恢复日常生活。没有受灾的我所能做的就是四处看看有没有可以帮忙的事情。

金枪鱼开始卸货了！

结语

我家的『3·11』

某日，我在山梨县旅游……
丈夫所在的高层办公楼猛烈地晃动——
书架倒了！
大女儿在首都中心打工。
大楼在晃动！
二女儿在加拿大留学。
TSUNAMI
LIVE
好恐怖啊！

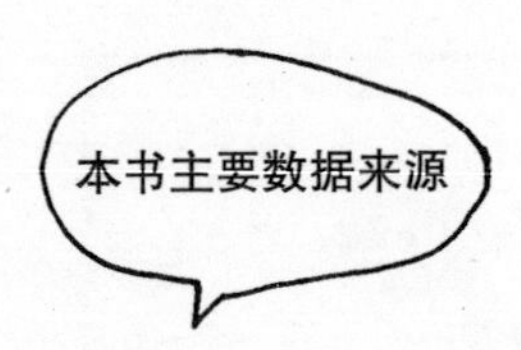

e–college

http://www.e-college.fdma.go.jp/index.html

消防厅防灾手册

http://www.fdma.go.jp/bousai–manual/index.html

练马区防灾网站

http://www.gensai.com/bousai/jisin/zukan/index.html

人类和防灾未来中心

http://www.dri.ne.jp/shiryo/katari.html

防灾对策指南

http://bousai.apk7.com/

家庭中可以采取的防灾对策讲座

http://bousai.rdy.jp/mt/

枚方市寝屋川消防组合

http://www.hirane119.jp/index.htm

Olive

http://sites.google.com/site/olivesoce

《切尔诺贝利 · 放射能和营养》

Korzun, V.N.、Los′ , I.P.、Chestov, O.P.

白石久二雄译 实业公报社